现代水声技术与应用丛书
杨德森 主编

隔声去耦技术

缪旭弘　王雪仁　贾　地　庞福振　魏　征　编著

科学出版社
北　京

内 容 简 介

隔声去耦技术是集隔声、吸声、减振、去耦于一体的综合性减振降噪技术，涉及声学、结构动力学、材料学、材料成型及控制工程等多学科多专业。本书系统介绍了隔声去耦技术的基本理论、结构设计、声学性能计算、性能测试方法等研究成果。本书共 5 章，包括绪论、隔声去耦声学机理及模型、隔声去耦覆盖层基体材料与声学结构、隔声去耦覆盖层设计、隔声去耦性能实验技术。

本书可供科研院所中从事舰船噪声与振动控制、水声工程等领域研究工作的技术人员使用，也可供高等院校相关专业师生参考。

图书在版编目(CIP)数据

隔声去耦技术 / 缪旭弘等编著. —— 北京：科学出版社，2024.11
（现代水声技术与应用丛书 / 杨德森主编）
ISBN 978-7-03-074332-9

Ⅰ. ①隔… Ⅱ. ①缪… Ⅲ. ①减振降噪 Ⅳ. ①TB53

中国版本图书馆 CIP 数据核字（2022）第 241463 号

责任编辑：张 庆 孟宸羽 / 责任校对：韩 杨
责任印制：徐晓晨 / 封面设计：无极书装

科学出版社 出版
北京东黄城根北街 16 号
邮政编码：100717
http://www.sciencep.com
北京厚诚则铭印刷科技有限公司印刷
科学出版社发行 各地新华书店经销
*
2024 年 11 月第 一 版 开本：720×1000 1/16
2024 年 11 月第一次印刷 印张：10
字数：200 000
定价：128.00 元
（如有印装质量问题，我社负责调换）

"现代水声技术与应用丛书"
编 委 会

主　　编：杨德森

执行主编：殷敬伟

编　　委：（按姓氏笔画排序）

丛　书　序

海洋面积约占地球表面积的三分之二，但人类已探索的海洋面积仅占海洋总面积的百分之五左右。由于缺乏水下获取信息的手段，海洋深处对我们来说几乎是黑暗、深邃和未知的。

新时代实施海洋强国战略、提高海洋资源开发能力、保护海洋生态环境、发展海洋科学技术、维护国家海洋权益，都离不开水声科学技术。同时，我国海岸线漫长，沿海大型城市和军事要地众多，这都对水声科学技术及其应用的快速发展提出了更高要求。

海洋强国，必兴水声。声波是迄今水下远程无线传递信息唯一有效的载体。水声技术利用声波实现水下探测、通信、定位等功能，相当于水下装备的眼睛、耳朵、嘴巴，是海洋资源勘探开发、海军舰船探测定位、水下兵器跟踪导引的必备技术，是关心海洋、认知海洋、经略海洋无可替代的手段，在各国海洋经济、军事发展中占有战略地位。

从 1953 年中国人民解放军军事工程学院（即"哈军工"）创建全国首个声呐专业开始，经过数十年的发展，我国已建成了由一大批高校、科研院所和企业构成的水声教学、科研和生产体系。然而，我国的水声基础研究、技术研发、水声装备等与海洋科技发达的国家相比还存在较大差距，需要国家持续投入更多的资源，需要更多的有志青年投入水声事业当中，实现水声技术从跟跑到并跑再到领跑，不断为海洋强国发展注入新动力。

水声之兴，关键在人。水声科学技术是融合了多学科的声机电信息一体化的高科技领域。目前，我国水声专业人才只有万余人，现有人员规模和培养规模远不能满足行业需求，水声专业人才严重短缺。

人才培养，著书为纲。书是人类进步的阶梯。推进水声领域高层次人才培养从而支撑学科的高质量发展是本丛书编撰的目的之一。本丛书由哈尔滨工程大学水声工程学院发起，与国内相关水声技术优势单位合作，汇聚教学科研方面的精英力量，共同撰写。丛书内容全面、叙述精准、深入浅出、图文并茂，基本涵盖了现代水声科学技术与应用的知识框架、技术体系、最新科研成果及未来发展方向，包括矢量声学、水声信号处理、目标识别、侦察、探测、通信、水下对抗、传感器及声系统、计量与测试技术、海洋水声环境、海洋噪声和混响、海洋生物声学、极地声学等。本丛书的出版可谓应运而生、恰逢其时，相信会对推动我国水声事业的发展发挥重要作用，为海洋强国战略的实施做出新的贡献。

　　在此，向 60 多年来为我国水声事业奋斗、耕耘的教育科研工作者表示深深的敬意！向参与本丛书编撰、出版的组织者和作者表示由衷的感谢！

中国工程院院士　杨德森

2018 年 11 月

自　　序

　　舰船声学性能指标是舰船装备至关重要的一项性能指标，不仅决定了舰船装备的水下隐蔽性，还影响舰船声呐探测距离。隔声去耦技术是通过采用多种高分子黏弹性材料和不同的声腔结构，并集成运用阻抗失配、波形变换、空腔谐振、阻尼减振等机理，来实现隔声、吸声、减振、去耦等功能，进而达成吸收入射声波、隔离噪声传播、抑制振动声辐射等目标，对于提高舰船水下隐蔽性和生存能力具有重要意义。

　　本书作者多年来从事阻尼材料和吸隔声材料研究。本书借鉴了国内外相关技术的研究成果，以理论研究、材料研发、模型实验为主线，较系统地论述了隔声去耦技术的声学机理、性能计算、基体材料设计、声学结构设计、制作工艺、性能实验等内容，希望对声学材料设计计算、材料研发起到参考和借鉴价值。

　　全书共 5 章：第 1 章绪论，由缪旭弘、王雪仁编写；第 2 章隔声去耦声学机理及模型，由庞福振、王雪仁编写；第 3 章隔声去耦覆盖层基体材料与声学结构，由贾地、魏征编写；第 4 章隔声去耦覆盖层设计，由王雪仁、庞福振编写；第 5 章隔声去耦性能实验技术，由王雪仁、魏征编写；全书由缪旭弘统稿。

　　本书编写过程中，中国船舶集团有限公司系统工程研究院何元安研究员、中国船舶集团有限公司第七二五研究所马玉璞研究员拨冗审阅了稿件并提出了宝贵意见，作者还得到了中国船舶集团有限公司第七二五研究所郭万涛研究员、哈尔滨工程大学李海超副教授和杜圆、高聪等研究生的大力支持，在此一并表示感谢！

　　由于作者水平有限，书中难免存在不足之处，敬请读者批评指正。

缪旭弘

2023 年 10 月

目　录

丛书序
自序
第1章　绪论 ……………………………………………………………………… 1
　1.1　舰船水下声学特征 …………………………………………………………… 1
　　1.1.1　辐射噪声 ………………………………………………………………… 1
　　1.1.2　自噪声 …………………………………………………………………… 3
　　1.1.3　声目标特性 ……………………………………………………………… 4
　1.2　声学材料在舰船水下声学特征控制中的应用 …………………………… 6
　　1.2.1　辐射噪声控制 …………………………………………………………… 6
　　1.2.2　自噪声控制 ……………………………………………………………… 7
　　1.2.3　声目标特性控制 ………………………………………………………… 9
　1.3　隔声去耦技术概述 …………………………………………………………… 9
　1.4　本书主要研究内容 …………………………………………………………… 11
　参考文献 ……………………………………………………………………………… 12
第2章　隔声去耦声学机理及模型 ………………………………………… 13
　2.1　黏弹性介质中声波的传播 ………………………………………………… 13
　　2.1.1　均匀黏弹性材料中的声波传播 ……………………………………… 13
　　2.1.2　非均匀黏弹性声学结构的声波传播 ………………………………… 18
　2.2　隔声去耦机理 ………………………………………………………………… 19
　　2.2.1　隔声机理 ………………………………………………………………… 20
　　2.2.2　吸声机理 ………………………………………………………………… 21
　　2.2.3　减振机理 ………………………………………………………………… 27
　　2.2.4　去耦机理 ………………………………………………………………… 27
　2.3　隔声去耦覆盖层声学性能 ………………………………………………… 28
　　2.3.1　隔声性能 ………………………………………………………………… 28
　　2.3.2　吸声性能 ………………………………………………………………… 29
　　2.3.3　减振性能 ………………………………………………………………… 30
　　2.3.4　去耦性能 ………………………………………………………………… 30
　2.4　隔声去耦覆盖层声学机理解析模型 ……………………………………… 30

2.4.1 传递矩阵法基本原理 ···31

2.4.2 均匀层传递矩阵 ···32

2.4.3 非均匀层传递矩阵 ···35

2.5 隔声去耦覆盖层声学机理数值模型 ·································41

2.5.1 隔声去耦覆盖层数值理论基础 ···································41

2.5.2 小样声学机理数值模型 ···52

2.5.3 大样声学机理数值模型 ···55

2.5.4 数值模型验证 ···57

参考文献 ···59

第3章 隔声去耦覆盖层基体材料与声学结构 ····························60

3.1 隔声去耦覆盖层基体材料 ···61

3.1.1 材料的理化性能参数 ···61

3.1.2 材料的声学性能参数 ···66

3.2 隔声去耦覆盖层声学结构 ···69

3.2.1 阻抗渐变型结构 ···69

3.2.2 水下谐振型结构 ···70

3.2.3 局域共振声子晶体结构 ···71

参考文献 ···72

第4章 隔声去耦覆盖层设计 ··74

4.1 设计流程 ···74

4.1.1 基体材料设计 ···74

4.1.2 结构设计 ···76

4.1.3 工艺设计 ···77

4.1.4 性能测试与表征 ···78

4.2 材料及结构参数设计 ···79

4.2.1 基体材料设计 ···80

4.2.2 声学结构设计 ···83

4.3 静水压力对隔声去耦覆盖层的影响 ·································89

4.3.1 有限元模型 ···89

4.3.2 压力对隔声去耦覆盖层声学性能的影响 ···························92

4.4 背衬对隔声去耦覆盖层的影响 ·····································93

4.4.1 钢板背衬 ···93

4.4.2 水背衬 ···94

4.4.3 空气背衬 ···95

4.4.4 双层钢板背衬 ···96

　　　4.4.5　声波入射方向的影响 ·· 96
　4.5　隔声去耦覆盖层抗冲击性能 ·· 97
　　　4.5.1　爆炸冲击波的产生 ·· 97
　　　4.5.2　显式有限元算法 ·· 98
　　　4.5.3　爆炸冲击载荷模型计算方法 ······································ 99
　　　4.5.4　爆炸冲击载荷的加载方法 ·· 99
　　　4.5.5　加筋板结构应用效果评估 ·· 100
　　　4.5.6　抗冲击性能评估结果分析 ·· 105
　参考文献 ·· 105

第5章　隔声去耦性能实验技术 ·· 107
　5.1　声管测试技术 ·· 107
　　　5.1.1　隔声性能测试技术 ·· 107
　　　5.1.2　吸声性能测试技术 ·· 113
　5.2　大样测试技术 ·· 118
　　　5.2.1　大型压力消声水罐大样测试技术 ································ 118
　　　5.2.2　实验室水池大样测试技术 ·· 121
　　　5.2.3　板架水池大样测试技术 ·· 125
　5.3　模型实验技术 ·· 132
　　　5.3.1　模型设计方法 ·· 132
　　　5.3.2　模型实验原理与步骤 ·· 133
　　　5.3.3　加筋柱壳模型实验 ·· 133
　参考文献 ·· 146

第 1 章　绪　　论

21 世纪是海洋的世纪，海洋资源已成为各国竞相争夺的热点，如何保护海洋权益、支撑海洋开发已成为各国海洋战略的重中之重。舰船作为现代海军装备的主要组成部分，是国家保护海洋权益的利器和依仗，在未来海上军事斗争中，必将成为敌方跟踪、打击的焦点，因而如何有效隐蔽、保护自己，不仅是舰船装备战斗力生成的基础和保障，也是舰船装备研制关注的重点。由于海洋水文环境的复杂性以及水下目标的弱可探测性，相比于空中、水面威胁，舰船面临的水下威胁更为迫切，如何提高舰船水下隐蔽性，已成为舰船装备研制必须解决的核心问题。舰船水下隐蔽性主要涉及舰船水下辐射噪声和声目标强度（target strength，TS），提高舰船水下隐蔽性，就是降低水下辐射噪声和声目标强度。由此不仅可以减小被敌方声呐探测、发现的距离，降低被敌水中兵器发现、打击和命中的概率，还可以改善自身声呐的工作环境，提高声呐的探测能力，对于提高舰船的隐蔽性和生存能力具有重要意义。

1.1　舰船水下声学特征

舰船水下声学特征主要包括辐射噪声、自噪声和声目标特性三种，其声隐身性能直接影响舰船的水下隐蔽性、声呐探测能力和被敌攻击的概率。

1.1.1　辐射噪声

舰船辐射噪声是指舰船在航行过程中，由推进器、各种机械设备运转产生振动以及流体激励，通过舰船船体向水中辐射的声波。多年的理论和实验研究表明，舰船辐射噪声的噪声来源，即辐射噪声源主要由机械噪声、推进器噪声和水动力噪声三部分组成[1-2]，其噪声来源的分布示意图如图 1-1 所示。机械噪声是由舰船上的机械设备（如柴油机、海水泵、风机等）和管路系统在运行过程中对船体结构产生激励振动造成的，向外辐射噪声的幅度取决于机械振动状态、基座特性以及隔振装置等一系列因素；推进器噪声是由推进器叶片旋转所产生的噪声，主要包括叶片直发声、叶片表面流体脉动力通过轴系激励艇体结构引起的辐射噪声，以及异常情况下的空化噪声，其产生的辐射噪声量级与推进器的推进载荷、旋转速度等因素密切相关，主要影响舰船的中高频辐射噪声特性，并可能产生低频强线谱；水动力噪声主要是由舰船运动引起海水的不规则性和起伏性所产生的，当舰船低速航行时，水动力噪声一般会被机械噪声和推进器噪声掩盖，当舰船高速运行时，水动力噪声的量级将显著提高[3]。舰船在不同航行速度下，上述辐射噪声源对舰船的水下辐射噪声贡献并不一致，如图1-2所示。

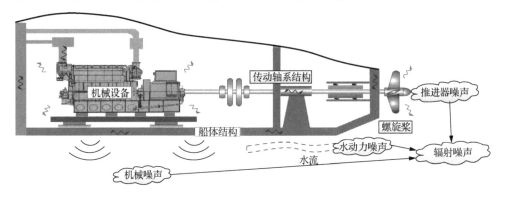

图1-1 舰船辐射噪声来源示意图

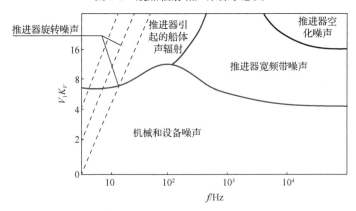

图1-2 舰船不同航速下辐射噪声源分布示意图

目前对于舰船辐射噪声的大小，一般采用声源级进行定量描述，其计算公式如下所示：

$$SL = 10\lg\frac{I}{I_0} \qquad (1\text{-}1a)$$

$$SL_i = 10\lg\frac{I_i}{\Delta f_i I_0} \qquad (1\text{-}1b)$$

式中，SL为声源级总级；SL_i为中心频率f_i（如1/3倍频程的中心频率）的声源级谱级；Δf_i为处理带宽；I_0为参考声强，表示声压为$1\mu Pa$的平面波强度；I_i为中心频率的噪声压强；I 为距离噪声声源中心 1m 处的噪声声强[2]。

舰船辐射噪声通常是一种连续的宽带噪声谱，可视为线谱和连续谱的叠加，如图 1-3 所示[9]。在低频区域（往往在几百赫兹以下）多呈现离散的线谱形式，其强度一般高于连续谱几分贝（dB）到数十分贝，这些低频线谱一般来自船舶动力设备的振动、推进器的周期性旋转等。因此，线谱的频率与激励频率呈现一定的谐波关系，通过估算线谱特征就能简单估算出舰船的运行参数。在高频区域（往往是高于某一频率，一般在几百赫兹以上，这一频率通常称为连续谱的拐点频率），舰船的辐射噪声表现为连续谱形式，而这主要是由推进器噪声和水动力噪声造成的。现有研究成果表明，宽带噪声谱强度随频率升高呈下降趋势，一般平均下降趋势是-6dB/oct。这一趋势随着舰船型号或工况的不同而不同，但一般范围为-10～-4dB[4]。

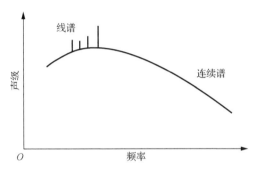

图 1-3 舰船辐射噪声谱的一般特性示意图[9]

1.1.2 自噪声

舰船的自噪声和海洋环境噪声一起构成了声呐系统的干扰背景噪声，自噪声的噪声源与舰船辐射噪声基本相同，主要包括机械噪声、推进器噪声和水动力噪声[5-7]，但是性质不同。辐射噪声通常是在远场测得的，属于远场噪声，而自噪声则属于近场噪声的范畴。自噪声的大小对于声呐的探测能力至关重要，水下自噪声很小，目标信号就会变得突出，这样能够很容易地探测出目标信号；自噪声过大，将会使目标信号很难被探测出来，即目标将会变得很难分辨。

图 1-4 给出了某海域设定条件下的自噪声变化与自身声呐探测距离之间的关系。从图中可知，在 500Hz 时，自噪声每下降 1dB，探测距离平均增大 1.3km；在 1000Hz 时，自噪声每下降 1dB，探测距离平均增大 0.9km；在 5000Hz 时，自噪声每增大 1dB，探测距离平均下降 0.4km。目前对于舰船自噪声的研究，大多是研究声呐平台自噪声，即抑制声呐平台自噪声则可以有效提高舰船声呐的作用距离和声呐信号的检测能力。

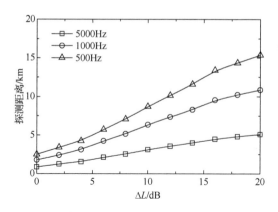

图 1-4　自噪声变化对自身声呐探测距离的影响

声呐平台自噪声主要由三部分组成：一是由机械设备和推进器引起的辐射噪声直接透过声呐导流罩传到声呐部位的噪声；二是由声呐导流罩及附近壳体振动而辐射到声呐部位的噪声；三是由海水流经导流罩引起的水动力噪声。另外，声呐平台区环境复杂，声呐平台自噪声呈现明显的指向性和空间不均匀性，与水听器的指向性、安装方式和安装位置密切相关[8]。相关理论研究表明，在低航速和低频段，声呐平台自噪声以机械噪声为主；在高航速和高频段，声呐平台自噪声以推进器噪声和水动力噪声为主[9]。

声呐平台自噪声特性一般采用自噪声声压级进行描述[2, 8]，自噪声声压级 L_p 的表达式如下所示：

$$L_p = 20\lg\frac{P}{P_0} \tag{1-2a}$$

$$L_{pi} = 20\lg\frac{P_i}{P_0} \tag{1-2b}$$

式中，L_{pi} 和 P_i 分别为中心频率 f_i 的声压级和声压；P 为声压；P_0 为参考声压，取值为 1μPa。

1.1.3　声目标特性

声目标特性是目标舰船对入射声波反射能力的度量，与主动声呐探测频段、舰船外形、内部结构、壳体材料等因素密切相关。主动声呐是舰船必备的水下探测设备，其工作原理与雷达类似，通过发射指向性很强的声波并接收回波来探测目标。因此其不仅定位准确，而且还可以探测航速很低、辐射噪声很小甚至"装死"不动的静止目标，从而弥补被动声呐的不足。

图 1-5 为某海域设定条件下的声目标强度变化与声呐探测距离的关系。从图中可知，在 1000Hz 时，声目标强度每下降 1dB，探测距离平均下降 1.2km；在

2000Hz 时，声目标强度每下降 1dB，探测距离平均下降 1.0km；在 3000Hz 时，声目标强度每下降 1dB，探测距离平均下降 0.9km；在 5000Hz 时，声目标强度每下降 1dB，探测距离平均下降 0.7km。因此从舰船声隐身性能角度来讲，应当尽可能降低我方舰船的声目标强度。

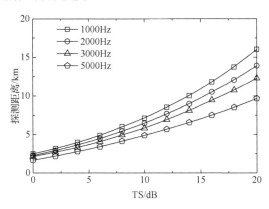

图 1-5　声目标强度变化对声呐探测距离的影响

声目标特性一般采用声目标强度进行描述，定义为距离目标等效声学中心 1m 处由目标反射回来的声强与远处声源入射到目标上的声强之比的分贝值。最常用的方法是用雷达中的物理光学法推导简单几何形状刚性反射体的目标强度[10]。对于凸光滑刚性表面来说，目标强度的计算公式如下所示：

$$TS = 10\lg\frac{r_1 r_2}{4} \qquad (1\text{-}3)$$

式中，r_1 和 r_2 分别表示镜反射点处的主曲率半径和亮点处的主曲率半径。

由于亮点位置随声波入射角度的变化而变化，所以两个主曲率半径也会随着入射角度的变化而变化。从式（1-3）可知，目标强度与主曲率半径密切相关，所以目标强度会随着声波入射角度的变化而变化。当舰船外表面敷设声学覆盖层时，舰船目标强度可以通过修正物理光学方法进行计算。假定敷设声学覆盖层后舰船表面形状不发生改变，表面局部平面波反射系数为 $V(\theta)$，修正后的目标强度计算公式如下所示：

$$TS' = 10\lg\frac{r_1 r_2}{4}V^2(\theta) = 10\lg\frac{r_1 r_2}{4} + 20\lg V(\theta) \qquad (1\text{-}4)$$

因此，敷设声学覆盖层后，舰船目标强度降低了：

$$\Delta TS = TS - TS' = -20\lg V(\theta) \qquad (1\text{-}5)$$

从式（1-5）可以看出，舰船声目标强度降低主要取决于舰船结构表面的反射系数。

1.2　声学材料在舰船水下声学特征控制中的应用

上一节已经对舰船水下声学特征进行了简单介绍,主要包括辐射噪声、自噪声和声目标特性三类。为了提高舰船自身声隐身性能,除了要对舰船辐射噪声和自噪声进行有效控制外,还需对舰船进行声目标特性控制。

1.2.1　辐射噪声控制

舰船辐射噪声主要包括推进器噪声、水动力噪声和机械噪声三部分,对舰船辐射噪声的控制,有各种各样的方法和手段,本质上不外乎噪声源源头的控制、噪声传递途径的控制以及舰船壳体辐射面的控制三种[11]。例如,推进器噪声主要取决于叶片的结构及其运动过程中的伴流特性,目前的降噪方法主要通过优化推进器设计(如采用大直径、大侧斜桨叶等)或改善舰船尾部型线来改善其伴流分布,使流场分布更加均匀,进而降低推进器直接辐射的噪声;或采取安装气幕消声装置,隔离推进器自发声向水中的辐射、传递,以降低推进器噪声辐射。水动力噪声主要从舰船船体自身设计上进行治理,例如采用水滴流线型的船体、减少船体上不必要的开孔和突出物,以及安装导流装置等,来改善水流与结构的互相耦合作用,以减少流噪声。

机械噪声是舰船辐射噪声的重要组成部分[12],目前对于机械噪声的控制主要从机械设备噪声源和振动噪声传递路径两个方面来实现。对机械设备噪声源的治理,一般采用低噪声结构设计、合理的加工及装配、合理的设备布局等措施。对于振动噪声传递路径的治理,主要是在振动能量传递路径上进行吸收和阻隔,具体技术措施包括隔振技术和阻尼减振技术。隔振技术的内涵是在振源与受控对象之间加上一个子系统(即隔振装置,主要由弹性元件和阻尼元件组成),来减少受控对象对振源激励的响应,如图 1-6 所示。

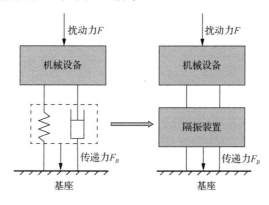

图 1-6　隔振装置工作原理图

阻尼减振技术的内涵是在机械设备振动能量传递路径上，运用高阻尼材料，利用内部高分子不断相互运动产生的摩擦阻力，来消耗振动能量，使其转化成热能耗散掉，降低振动辐射噪声；同时阻尼层刚度会阻止薄板结构发生弯曲振动，进一步降低结构的辐射噪声。目前在舰船上的阻尼材料产品主要以自由阻尼层、约束阻尼结构及智能阻尼结构等形式应用，具有阻尼损耗因子大、重量轻、成本低、使用寿命长和安装维护简单等特点，通常敷设于舰船待减振结构的表面，如机舱区域或高振源设备船体结构。

通过对噪声源和噪声传递路径的控制，舰船振动噪声能量得到一定程度的衰减，剩余振动能量还是会以声波的形式通过艇体结构向水中辐射，如图1-7所示。为了进一步控制辐射噪声，可以在艇体外表面设置最后一道声学屏障来进一步阻止振动噪声传播。目前常用的声学屏障是由声学材料与结构组成的声学覆盖层[13]，其主要声学机理是使其特性阻抗与水介质阻抗失配，进而使舰船噪声无法通过覆盖层向水中辐射。随着舰船噪声源控制、传递途径控制的不断完善以及舰船对安静性要求的不断提高，作为最后一道噪声控制手段的声学覆盖层技术，在舰船噪声控制中将发挥越来越重要的作用。

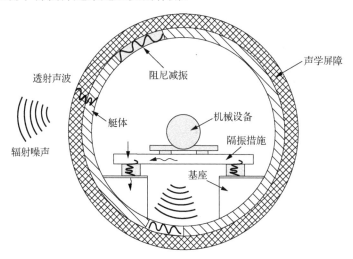

图 1-7　噪声能量通过舰船船体结构向外辐射示意图

1.2.2　自噪声控制

舰船自噪声控制就是指声呐平台区自噪声控制，主要是给舰船声呐提供良好的工作环境，以提高声呐探测能力。舰船声呐平台自噪声的噪声源与辐射噪声源类似，舰船自噪声的控制可以从自噪声声源控制、自噪声传递途径控制及声呐平台区混响控制三方面进行。

自噪声声源控制主要是对影响声呐平台自噪声的机械设备噪声、推进器噪声以及声呐导流罩噪声进行控制[1]。机械设备噪声、推进器噪声的控制措施可直接借鉴辐射噪声的控制措施。声呐导流罩噪声控制主要采取改善导流罩型线以降低流噪声、增加导流罩刚度及阻尼以抑制导流罩流激振动声辐射、声呐导流罩与船体进行弹性连接以抑制船体振动激起导流罩振动声辐射等措施。

自噪声传递途径控制是目前比较普遍的声呐平台自噪声控制方法，主要是在声呐平台的壁面敷设阻尼材料、隔声材料、声障板（图 1-8）等声学材料[14]，利用阻尼材料耗散平台壁面结构振动能量，利用隔声材料、声障板隔离船体振动噪声向声呐平台的传递。

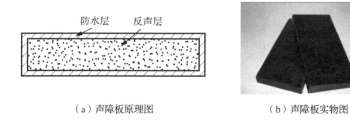

（a）声障板原理图　　　　　　　　　　（b）声障板实物图

图 1-8　声障板示意图

在声呐平台区非透声区域粘贴吸声尖劈、吸声复合板、吸声覆盖层，是控制声呐平台区混响最传统、最主要的措施，通过在声呐平台的上下平台壁板以及后舱壁等非透声区敷设吸声材料，不仅可以吸收声呐平台区的噪声，降低混响，还可以抑制壳体振动激起声辐射，从而降低声呐平台自噪声。吸声尖劈、吸声复合板、吸声覆盖层都是由声学材料与结构组合而成，其声学机理是尽可能保证声学材料的特性阻抗与水介质阻抗匹配，使声波能够尽可能地进入吸声材料内部，然后利用声学材料自身的耗能、谐振、波形转换等工作机制，对入射声波进行转换并最终耗散掉。吸声尖劈结构示意图如图 1-9 所示[15-17]。

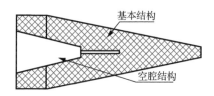

图 1-9　吸声尖劈结构示意图

1.2.3　声目标特性控制

舰船声目标特性控制本质上就是降低对敌舰主动声呐所发射声波的反射强度，回波强度越小，表明舰船的声隐身性能越好[18]。目前降低声目标特性的措施主要有两类：一是对舰船外形进行结构优化设计，尽可能降低舰船外表面反射声波的能力，使其满足低目标强度要求；二是在舰船最外表面敷设吸声覆盖层（图 1-10），利用吸声覆盖层的阻尼作用和内部空腔结构的谐振作用，使入射声波发生能量转换和波形转换，进而极大地降低回波强度[19]。目前国外已经研制出吸声型、减振型、隔声型、去耦型等多种类型的吸声覆盖层。

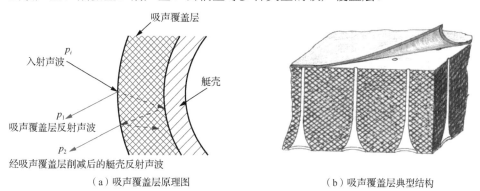

　　　（a）吸声覆盖层原理图　　　　　　　　　　　（b）吸声覆盖层典型结构

图 1-10　吸声覆盖层结构示意图

1.3　隔声去耦技术概述

通过对舰船辐射噪声、自噪声以及声目标特性控制的介绍可知，声学覆盖层技术是既能降低舰船自身目标强度，又能抑制舰船辐射噪声、自噪声的一项综合性技术，是提高舰船声隐身性能的关键技术。声学覆盖层技术本质上就是声学材料结构的综合运用，目前常用的声学覆盖层按照功能分类主要有吸声覆盖层、隔声覆盖层、阻尼覆盖层以及去耦覆盖层四类。

1. 吸声覆盖层

最早的声学覆盖层是指吸声覆盖层，吸声覆盖层起源于第二次世界大战时期，德军为了挽回败局，在部分潜艇上安装了一层名为 Alberich（阿尔贝里奇）的合成橡胶声学材料[9]，提高了潜艇的隐身性能（图 1-11）。随着近些年材料科学的发展，吸声覆盖层的基体材料主要是橡胶类和聚氨酯类的水声材料，这类水声材料具有阻尼性能好、内耗大等特点，为了提高吸声覆盖层的吸声性能，还引入了空腔类的声学结构[18]。

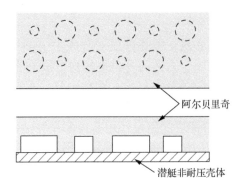

图 1-11   阿尔贝里奇吸声覆盖层

2. 隔声覆盖层

隔声覆盖层的声学目标是防止舰船噪声由内向外辐射噪声，隔声覆盖层的基体材料和声学结构与吸声覆盖层类似，隔声覆盖层的特性阻抗与其相互接触介质的特性阻抗失配，尽可能保证入射声波不进入到覆盖层内部[20-21]。

3. 阻尼覆盖层

阻尼覆盖层一般敷设在舰船待减振的结构表面，能够有效降低结构振动。阻尼覆盖层的工作机理是将振动能量转换成热能耗散掉。舰船对阻尼覆盖层的要求是阻尼损耗因子大、重量轻、成本低、使用寿命长和安装维护简单。一般阻尼覆盖层很难满足上述所有要求，因此舰船一般采用复合阻尼覆盖层[22]。

4. 去耦覆盖层

去耦覆盖层的声学目标是抑制水下结构（舰船或者潜艇）内外的声耦合和振动耦合，降低水下结构的辐射噪声。去耦覆盖层的基体材料一般选择低密度、低声速的柔性黏弹性材料，因其与海水、船体结构的声阻抗不匹配，实现声与振动的去耦，且具有较高的阻尼性能，实现隔声、减振、抑制振动能量传递等功能。去耦覆盖层的声学结构与吸声覆盖层的声学结构类似。

由上所述，可以看出声学覆盖层是一种既能降低舰船自身辐射噪声又能降低自身目标强度的综合性减振降噪方法，具备吸声、隔声、去耦和减振等多种功能。声学覆盖层的主要工作机理包括阻抗匹配、阻抗失配以及波形变换和空腔谐振等。但现有的声学覆盖层技术存在如下不足：虽然具备多种功能，但声学覆盖层很难同时发挥这些功能，即其功能一般都有侧重点，很难同时具备上述所有功能，而且声学覆盖层一般适用于对中高频舰船噪声进行减振降噪，但对舰船低频噪声的吸声和隔声效果则较差。

隔声去耦技术的核心是声学材料与声学结构的综合应用，综合了阻尼覆盖层抑制艇体振动、隔声去耦层隔离船体内部噪声和船体振动向水中传递，降低了船体与水介质间的耦合，是一种集吸声、减振、隔声、去耦于一体的综合性多功能声学覆盖技术[13, 23]，能有效地提高舰船声隐身性能。

隔声去耦覆盖层应当具备去耦频率低、频带宽、插入损失大、耐压和稳定性强等特点。与此同时，隔声去耦覆盖层应当尽可能发挥吸收和反射声波的功能，且保证与其接触的水介质和壳体介质存在较大的阻抗失配，使入射声波在传播过程中存在较大衰减，不能透过隔声去耦覆盖层，理想的隔声去耦覆盖层透声系数为零。隔声去耦覆盖层未来的发展包括：①隔声去耦覆盖层有效工作频率由中高频向低频、宽频带方向发展；②隔声去耦覆盖层的功能由固定复合功能向智能复合功能方向发展；③隔声去耦覆盖层的制作工艺由单独预制向喷涂材料、3D 打印方向发展。

1.4 本书主要研究内容

隔声去耦覆盖层是由多种高分子黏弹性材料层合成的高性能、多功能声学元件，具有减振、隔声、去耦等一系列综合性能。由于隔声去耦覆盖层具有明确的应用背景，因此在研究过程中，以声学机理研究为指导，以实际工程应用为目的，分别从微观的声学性能、宏观的振动与声辐射特性、大小样品声学性能实验等方面进行介绍。本书的主要章节安排如下。

第 1 章绪论：主要介绍舰船水下声学特征内涵、机理以及控制措施，包括舰船水下声学特征、声学材料在舰船水下声学特征控制中的应用、隔声去耦技术概述。

第 2 章隔声去耦声学机理及模型：首先介绍黏弹性介质中声波的传播、隔声去耦机理以及隔声去耦覆盖层声学性能；然后给出隔声去耦覆盖层声学机理解析模型，以及隔声去耦覆盖层声学机理数值模型。

第 3 章隔声去耦覆盖层基体材料与声学结构：主要介绍隔声去耦覆盖层基体材料和隔声去耦覆盖层声学结构。

第 4 章隔声去耦覆盖层设计：主要介绍隔声去耦覆盖层研制的设计流程、材料及结构参数设计，在此基础上研究静水压力对隔声去耦覆盖层的影响、背衬对隔声去耦覆盖层的影响、隔声去耦覆盖层抗冲击性能。

第 5 章隔声去耦性能实验技术：主要介绍声管测试技术、水大样测试技术，以及模型实验技术。

参 考 文 献

[1] 缪旭弘，王振全. 舰艇水下噪声控制技术现状及发展对策[C]//吴有生. 第十届船舶水下噪声学术讨论会论文集. 无锡：《船舶力学》编辑部，2005：6-10.

[2] 王之程，陈宗岐，于汎，等. 舰船噪声测量与分析[M]. 北京：国防工业出版社，2004.

[3] 缪旭弘，王家林. 国外潜艇隐身技术现状及发展趋势[J]. 论证与研究，2005，127（12）：34-37.

[4] 叶平贤，龚沈光. 舰船物理场[M]. 北京：兵器工业出版社，1992.

[5] 邢国强. 典型舰船辐射噪声建模与仿真[D]. 西安：西北工业大学，2005.

[6] 李东升，徐海宾，蔡卫丰，等. 声呐平台噪声控制机理分析[J]. 船舶力学，2017，21（7）：907-913.

[7] 兰清. 声呐平台自噪声控制方案研究[D]. 哈尔滨：哈尔滨工程大学，2017.

[8] 钱德进，缪旭弘，贾地. 敷设尖劈的舰船声纳腔自噪声特性仿真研究[C]//中国自动化学会系统仿真专业委员会、Proceedings of 14th Chinese Conference on System Simulation Technology & Application（CCSSTA'2012）. 三亚：中国自动化学会系统仿真专业委员会中国自动化学会系统仿真专业委员会，2012：605-608.

[9] 朱培丽，黄修长. 潜艇隐身关键技术：声学覆盖层的设计[M]. 上海：上海交通大学出版社，2012.

[10] 范军，汤渭霖. 声呐目标强度（TS）计算的板块元方法[C]//《声学技术》编辑部. 中国声学学会1999年青年学术会议[CYCA'99]论文集. 上海：同济大学出版社，1999：40-41.

[11] 缪旭弘，王雪仁. 国外潜艇减振降噪技术现状和发展展望[J]. 当代海军，2011（4）：64-69.

[12] 姚耀中，林立. 潜艇机械噪声控制技术综述[J]. 舰船科学技术，2007，29（1）：21-26.

[13] 缪旭弘，王子磊. 国外潜艇水声材料研究现状及发展趋势[J]. 论证与研究，2007，136（3）：34-37.

[14] 王毅娜，庞福振，苏楠，等. 声呐平台自噪声特性及降噪措施优化研究[J]. 船海工程，2014，43（6）：44-47.

[15] 朱理，李海超，缪旭弘，等. 吸声尖劈对声纳平台声场影响试验研究[J]. 传感器与微系统，2015，34（3）：51-53+57.

[16] 王仁乾，马黎黎，缪旭弘. 带空腔尖劈吸声器吸声性能的研究[J]. 声学技术，1999（4）：146-148+157.

[17] 缪旭弘，马骋，顾磊. 新型耐压吸声阻尼尖劈的设计与试验[J]. 论证与研究，1997，76（3）：23-26.

[18] 马忠诚，王树涛，缪旭弘，等. 潜艇回声特性及其隐身技术探讨[J]. 声学技术，2004，V23：1-6.

[19] 王育人，缪旭弘，姜恒，等. 水下吸声机理与吸声材料[J]. 力学进展，2017，47（1）：92-121.

[20] 周江龙，尹剑飞，温激鸿，等. Alberich型水下声学覆盖层隔声特性及机理分析[C]//张叔英. 2016年全国声学学术会议论文集. 上海：《声学技术》编辑部，2016：156-159.

[21] QIAN D J, WANG X R,MIAO X H. Research on the insulation performance of sound-Isolating and decoupled tiles[J]. Applied Mechanics & Materials, 2013, 457-458: 703-706.

[22] 白国锋. 水下消声覆盖层吸声机理研究[D]. 哈尔滨：哈尔滨工程大学，2003.

[23] 缪旭弘，王仁乾，顾磊，等. 去耦隔声层性能数值分析[J]. 船舶力学，2005，9（5）：125-131.

第2章　隔声去耦声学机理及模型

隔声去耦覆盖层是由声学材料和声学结构综合组成的一种高性能复合声学结构，欲对其声学性能进行设计就需要掌握其内在的声学机理，因此有必要对隔声去耦覆盖层的声学机理进行介绍。本章首先介绍黏弹性介质中声波的传播，其次针对隔声去耦机理和隔声去耦覆盖层声学性能进行阐述，然后对隔声去耦覆盖层声学机理解析模型进行阐述，最后介绍隔声去耦覆盖层声学机理数值模型。

2.1　黏弹性介质中声波的传播

隔声去耦覆盖层的基体材料主要由黏弹性材料构成，其声学性能主要体现在对入射至去耦材料内部的声波进行吸收和耗散，下面对声波在黏弹性材料中的传播特性进行介绍，为建立隔声去耦覆盖层的声学模型奠定理论基础。

2.1.1　均匀黏弹性材料中的声波传播

本节对理想均匀黏弹性材料中的声波传播进行阐述，下面分别介绍声波在无限厚均匀黏弹性材料和有限厚均匀黏弹性材料中传播的声学特性，主要包括声波的波速、声压、阻抗以及介质的吸声系数等声学特性。

1. 无限厚均匀黏弹性材料中传播的波

1）纵波和剪切波

当声波在无限厚各向同性介质中传播时，波的传播形式有两种，分别是纵波和剪切波[1]。纵波指介质中质点的振动方向与波的传播方向平行，剪切波指介质中质点的振动方向与波的传播方向垂直。纵波的传播速度 c_s 和剪切波的传播速度 c_t 分别表示如下：

$$c_s = \sqrt{\frac{\iota + 2G}{\rho}}, \quad c_t = \sqrt{\frac{G}{\rho}} \tag{2-1}$$

式中，ρ 表示密度；ι 表示拉梅参量，对一般橡胶来说，ι 为 $10^8 \sim 10^9$ 量级；G 为剪切模量，定义为剪切力作用下，材料产生的切应力和剪切应变的比值，又被称作刚性模量或切变模量。剪切模量的值越大，声学材料的刚性越强。剪切模量可表示为

$$G = G_0(1 + j\eta_G) \tag{2-2}$$

式中，G_0 表示剪切模量，单位是 Pa；η_G 表示剪切损耗因子；j 表示虚数单位。

当声波在声学材料或结构介质中传播时，由于声学材料或结构具有吸收声能的能力，声波能量会随着传播距离增加而逐渐减少。为了准确表示这种声波能量的衰减，通常将材料的密度 ρ 和杨氏模量 E 表示为复数，同时引入损耗因子进行描述，相应的声波传播速度与材料阻抗都变成复数。在水声工程或船舶振动噪声工程应用中，声学材料大多是橡胶类黏弹性材料，具有一定的杨氏模量损耗，因而将密度 ρ 作为一个实数进行处理[2]。

2）复波数和材料的特性阻抗

声学材料自身具有吸声能力，当声波在材料内部传播时，其声压会随传播距离发生衰减，相应的声压可表示为

$$p_i = P_0 e^{-j\bar{k}x} e^{j\omega t} = P_0 e^{-j(\beta - j\alpha_t)x} e^{j\omega t} = P_0 e^{-\alpha_t x} e^{j(\omega t - \beta x)} \tag{2-3}$$

式中，p_i 表示传播过程中的声压；P_0 表示 $x = 0$ 平面上的声压幅值；$\bar{k}$ 表示声波复波数；β 表示相位常数；ω 表示声波频率；t 表示时间；α_t 表示衰减系数，其物理意义表示材料在单位距离上平面波幅度衰减的级差（单位是 Np），有时也用每厘米衰减的分贝来表示，两种单位之间存在如下所示的换算关系：

$$1\text{Np} = 8.686\text{dB}, \quad 1\text{Np/m} = 0.08686\text{dB/cm} \tag{2-4}$$

为使分析表达更加简单，在以下的分析中除特殊说明，与材料相关的各种复模量均用 $M = M_0(1 + j\eta)$ 表示，且复声速统一用 c 表示：

$$c = \sqrt{\frac{M}{\rho}} = \sqrt{\frac{M_0}{\rho}} \sqrt{1 + j\eta} = c_0 \sqrt{1 + j\eta} \tag{2-5}$$

式中，M 表示相关材料参数的复模量；M_0 表示相关复模量的实部；c_0 是纵波或剪切波的波速。

假设材料的损耗因子 $\eta \ll 1$，根据式（2-5）可以确定复波数 $\bar{k}$，为了便于表述，$\bar{k}$ 统一用 k 表示为

$$k = \frac{\omega}{c} = \frac{\omega}{c_0} \frac{1}{\sqrt{1 + j\eta}} \approx \frac{\omega}{c_0}\left(1 - j\frac{\eta}{2}\right) \tag{2-6}$$

根据上述公式可以确定材料的衰减系数 α_t 为

$$\alpha_t = \frac{\omega}{2c_0}\eta \tag{2-7}$$

衰减系数 α_t 也可以写成波长吸收的形式：

$$\alpha_t \lambda = \pi\eta \tag{2-8}$$

式中，λ 表示材料的纵波波长。

根据式（2-8）可知，材料的损耗因子 η 越大，吸声能力越强。均匀理想介质中平面行波声场的特征阻抗 Z 可表示为 $Z = \rho_0 c_0$，则材料中纵波的特性阻抗 Z 可表示为

$$Z = \rho c_s = \rho c_{s0}\sqrt{1+\mathrm{j}\eta_s} \approx \rho c_{s0}\left(1+\mathrm{j}\frac{\eta_s}{2}\right) \tag{2-9}$$

式中，c_{s0} 表示纵波在材料中的声速；η_s 表示体积纵波损耗因子。由式（2-9）可知，在声学材料中，平面波的特性阻抗是复数。在均匀声学材料的平面行波场中，波阵面没有扩张，压力波和振速波的振幅随传播距离按同样的指数规律衰减，其传播速度也相同。因此在声波传播方向任何一个波阵面上，振速与压力之间的相位差都相同，确定特性阻抗就可以确定声学材料的反射系数和吸声系数[2]。

3）无限厚均匀黏弹性声学材料的反射系数

当平面波垂直入射到两种介质的平面分界面上时，反射系数 R 可以表示为

$$R = \frac{Z_{\mathrm{in}} - Z_s}{Z_{\mathrm{in}} + Z_s} \tag{2-10}$$

式中，Z_s 表示入射声波所在介质的特性阻抗；Z_{in} 表示另一侧介质的特性阻抗。假设有

$$Z_{\mathrm{in}} = R_{\mathrm{in}} + \mathrm{j}x_{\mathrm{in}} = Z_s(R_s + \mathrm{j}x_s) \tag{2-11}$$

式中，R_{in} 表示另一侧介质的反射系数；R_s 和 x_s 分别为 Z_{in}/Z_s 的实部和虚部。此时，式（2-10）可写成如下形式：

$$R = \frac{Z_{\mathrm{in}} - Z_s}{Z_{\mathrm{in}} + Z_s} = \frac{(R_s - 1) + \mathrm{j}x_s}{(R_s + 1) + \mathrm{j}x_s} \tag{2-12}$$

根据式（2-12）可以进一步确定反射系数 R 的模和相位，分别表示为

$$|R|^2 = \frac{(R_s - 1)^2 + x_s^2}{(R_s + 1)^2 + x_s^2} \tag{2-13}$$

$$\tan\varphi = \frac{2x_s}{R_s^2 + x_s^2 - 1} \tag{2-14}$$

根据式（2-9），将两种介质中的特性阻抗代入式（2-13），可得反射系数的模为

$$|R|^2 = \frac{\left(\dfrac{\rho c}{\rho_0 c_0} - 1\right)^2 + \left(\dfrac{\rho c}{\rho_0 c_0} - \dfrac{\eta_c}{2}\right)^2}{\left(\dfrac{\rho c}{\rho_0 c_0} + 1\right)^2 + \left(\dfrac{\rho c}{\rho_0 c_0} - \dfrac{\eta_c}{2}\right)^2} \tag{2-15}$$

式中，ρc 表示声波入射所在介质的特性阻抗；$\rho_0 c_0$ 表示另一侧介质的特性阻抗；η_c 表示材料总的损耗因子。为使式（2-14）的取值最小，应该使两种介质的阻抗匹配。对橡胶材料而言，可采用适当配料和特殊工艺使其特性阻抗和对应的水介质满足阻抗匹配条件[2]，即 $\rho c = \rho_0 c_0$。满足阻抗匹配条件后，式（2-15）变为

$$|R|_{\min} = \sqrt{\frac{\dfrac{\eta_c^2}{4}}{4 + \dfrac{\eta_c^2}{4}}} \approx \frac{\eta_c}{4} \approx \frac{\alpha_t c}{2\omega} = \frac{\alpha_t \lambda}{4\pi} \quad (\eta_c < 1) \tag{2-16}$$

　　由式（2-16）可以看出，$|R|_{\min}$ 的取值取决于 η_c 的大小，且与 η_c 成正比。η_c 的取值越大表示相应的反射系数越大。由式（2-15）可知，如果容许的最大反射系数不超过 0.1，那么吸声材料总的损耗因子 η_c 需要控制在 0.4 以内，此时波长吸收的形式为 $\alpha_t \lambda = 0.4\pi \approx 1.26 \text{Np} \approx 11 \text{dB}$。当声学吸收层厚度达到 1 个波长时，可以衰减 22dB，即反射系数为 0.08，这也意味着当声学吸声层厚达到几个波长时，声学吸声层厚可被视为无限厚。

　　2. 有限厚均匀黏弹性声学材料的反射系数

　　由式（2-16）可知，均匀声学吸声层不但能吸收高频声波而且也能吸收低频声波。但当采用均匀声学吸声层吸收低频声波时，需要均匀声学吸声层具有较大厚度，这显然不适用于实际工程应用。因此，均匀声学吸声层吸收低频声波的意义不大，仅适用于吸收高频声波。增加声能的吸收可通过提高材料损耗因子（从而减小均匀声学吸声层的厚度）来实现，但是增加材料损耗因子，会破坏介质间阻抗匹配的条件，间接增大反射系数。因此，对于有限厚均匀黏弹性声学材料来说，提高声学材料的吸声能力和提高材料的反射系数存在一定矛盾。

　　为了拓展有限厚均匀黏弹性声学材料在工程中的应用，理论上就要求声学吸声层的厚度应尽可能地薄，即采用有限厚均匀黏弹性声学材料层代替无限厚均匀黏弹性声学材料层。为了更加明确厚度对声学材料的影响，下面将通过声学吸声层厚度对吸声系数的影响进行阐述。

　　对于有限厚均匀黏弹性声学材料层（图 2-1）来说，可以借鉴电工学中的传输线阻抗转移公式，得到相应的输入特性阻抗 Z_{in}：

$$Z_{\text{in}} = \rho c \frac{Z_d + \mathrm{j}\rho c \tan(kd)}{\rho c + \mathrm{j}Z_d \tan(kd)} \tag{2-17}$$

式中，d 表示材料层厚度，单位是 m；ρc 表示材料层的介质特性阻抗，单位是 Rayl（1Rayl 10Pa·s/m）；Z_d 表示材料层后面声学层的面输入阻抗，也被称作终端阻抗，若声学结构为半无限大均匀介质，则终端阻抗为此介质的特性阻抗。

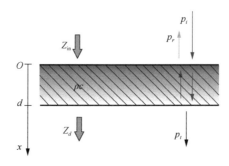

图 2-1　有限厚均匀黏弹性声学材料或结构的输入特性阻抗示意图

　　假设由声学材料组成声学吸声层的厚度为 d，当一列平面波入射到声学材料的界面时，声波不仅在前界面产生反射波，而且进入声学材料内部的声波在后界面上同样产生反射波，同时在后界面上产生的反射波会形成驻波现象。根据上述现象可以得到前界面上单位面积的输入特性阻抗 Z_{in} 是 d/λ 的函数，同时也说明，即使在 $\rho c \approx \rho_0 c_0$ 的情况下，Z_{in} 的实部很难与介质层匹配。

　　假设声学吸声层是粘贴在一块非常厚（无限厚）的且不动的钢板上，此时终端阻抗 $Z_d = \infty$，根据图 2-1 可以将式（2-17）写成如下所示的表达式：

$$Z_{in} = -\mathrm{j}\rho c \cot(kd) = \rho c \coth(\mathrm{j}kd) \tag{2-18}$$

　　假设声学吸声层的终端是自由界面，即空气，那么此时 $Z_d = 0$，同样根据图 2-1，可以将式（2-17）转化成如下形式：

$$Z_{in} = \mathrm{j}\rho c \tan(kd) = \rho c \operatorname{th}(\mathrm{j}kd) \tag{2-19}$$

　　根据式（2-18）和式（2-19）可以得出如下结论：①在已给定声学吸声层的情况下，输入阻抗随终端阻抗 Z_d 的改变而改变。②在已给定终端阻抗 Z_d 的情况下，输入阻抗随声学吸声层厚度与波长比值而变化，若吸声层厚度不变，则不同声波频率下阻抗在变化，此时的吸声系数也在变化；换言之，如果要保证不同声波频率作用下的声学吸声层具有相同的吸声系数，那么声学吸声层结构的厚度应做出相应的改变。

　　为了直观反映出声学吸声层的层厚对吸声系数的影响规律，图 2-2 给出了自由终端条件下有限厚声学吸声层反射系数的频率特性。图 2-2 中相关参数的取值分别是 $\rho c \approx \rho_0 c_0, \eta = 0.5$，相应的特性阻抗 ρc 如式（2-20）所示：

$$\rho c = 1.05(1 + 0.25\mathrm{j})\rho_0 c_0 \tag{2-20}$$

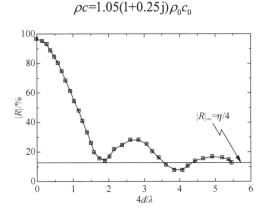

图 2-2　有限厚声学吸声层反射系数的频率特性（自由终端）

　　从图 2-2 可知，当声学吸声层厚度与波长的比值 d/λ 趋于无穷大时，反射系数的模趋于某一个常数，即 $\eta/4$。同时可以看出，自由终端的声学吸声层厚度只要满足等于 1 个波长，相应的反射系数已经显著降低，但随着波长的继续增加，反射系数的变化并不十分明显。因此，对于隔声去耦覆盖层而言，为了提高其吸声系数，可以在终端敷设较大的阻尼层，这样就可以在不增加厚度的前提下，提高吸声系数[2]。

2.1.2 非均匀黏弹性声学结构的声波传播

在实际工程应用中，为扩大隔声去耦覆盖层的吸声频率范围，常采用非均匀黏弹性吸声结构，如图 2-3 所示，从下往上依次为空气层、钢板层、非均匀阻尼层和水层，t_1 为空气层的厚度，t_2 为钢板层的厚度，t_3 为非均匀阻尼层的厚度，t_4 为水层的厚度。下面将基于分层介质理论，对多层非均匀介质中的声波传播特性进行介绍。

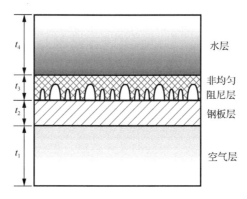

图 2-3　多层非均匀介质示意图

非均匀黏弹性吸声结构形状复杂，难以准确地给出声阻抗或反射系数的解析表达式，故先将非均匀黏弹性材料层简化等效为均匀阻尼层，并求出均匀阻尼层结构的等效参数，再根据均匀阻尼层中的声波传播特性推导得到非均匀阻尼层中的声波传播特性。参数等效的原理是利用等效前的反射系数 R_1 等于等效后的反射系数 R_2，其中等效后的反射系数 R_2 是关于等效后的杨氏模量、泊松比、损耗因子的函数，如式（2-24）所示，其原理可用图 2-4 表示[3]，具体步骤如下：①获取输入参数，即获取等效前非均匀阻尼层的反射系数 R_1，可用充水阻抗管的方法获得；②获取等效后均匀阻尼层的反射系数 R_2，可应用分层介质理论分析计算得到[4]；③运用遗传优化算法进行等效后的杨氏模量、泊松比、损耗因子反演。

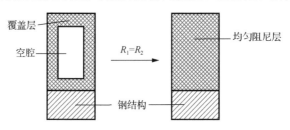

图 2-4　参数等效原理示意图

根据分层介质理论忽略时间因子，多层介质的声波传递特性可由式（2-21）～式（2-23）推导得到：

$$Z_{in}^{(2)} = \frac{Z_1 - jZ_2 \tan\varphi_2}{Z_2 - jZ_1 \tan\varphi_2} Z_2 \qquad (2\text{-}21)$$

$$Z_{in}^{(3)} = \frac{Z_{in}^{(2)} - jZ_3 \tan\varphi_3}{Z_3 - jZ_{in}^{(2)} \tan\varphi_3} Z_3 \qquad (2\text{-}22)$$

$$R_2 = \frac{Z_{in}^{(3)} - Z_4}{Z_{in}^{(3)} + Z_4} \qquad (2\text{-}23)$$

式中，Z_1、Z_2、Z_3、Z_4 分别表示空气、钢板、等效后均匀阻尼材料、水的阻抗，阻抗值为对应介质密度与声波在该介质中速度的乘积，即 $Z_i = \rho_i c_i (i=1,2,3,4)$；$\varphi_2$、$\varphi_3$ 分别表示声波在钢板和等效后均匀阻尼材料中的相移，且 $\varphi_i = 2\pi f t_i / c_i (i=2,3)$，可由对应的介质厚度以及声波在介质中的速度求得；$Z_{in}^{(2)}$、$Z_{in}^{(3)}$ 分别表示声波在钢板和等效后均匀阻尼材料中的输入阻抗。声波在等效后均匀阻尼层中的速度可用式（2-24）表示，即

$$c_3 = \sqrt{\frac{E_3(1 - j\eta_3)(1 - \mu_3)}{\rho_3(1 + \mu_3)(1 - 2\mu_3)}} \qquad (2\text{-}24)$$

式中，E_3、μ_3、η_3、ρ_3 分别表示等效后均匀阻尼层的杨氏模量、泊松比、损耗因子、密度。由式（2-21）～式（2-23）可知，它们均随频率的变化而变化。根据等效前后反射系数相等的原理（$R_1 = R_2$），运用反演的方法求解关于 E_3、μ_3、η_3 的超越方程，可以获得无穷组关于 E_3、μ_3、η_3 的解，再根据遗传优化算法获得等效后均匀阻尼层的杨氏模量、泊松比、损耗因子的最优解，进而求解得到声波在非均匀黏弹性材料等效后传播的反射系数。但是，实际上进行参数反演时，不可能做到等效前后反射系数完全相等，只需要保证等效前后反射系数差值的绝对值足够小即可。因此，为了遗传优化算法能够顺利反演，还需要引入适应度函数，式（2-25）表示等效前后反射系数之差的绝对值，当适应度 F 小于一个设定的小量时，可认为等效前后反射系数是相等的，反演获得的物理参数是有效的，即

$$F = |R_1 - R_2| \qquad (2\text{-}25)$$

最后，采用遗传优化算法对非均匀黏弹性吸声层几个重要的物理参数进行等效反演[5]。常用的反演工具，如 MATLAB 遗传算法工具箱，有多种编码方式、选择算子、交叉算子以及变异算子供使用者选择。

2.2　隔声去耦机理

隔声去耦覆盖层是一种典型的多层非均匀黏弹性声学结构，由高阻尼黏弹性

材料构成，内部具有不规则的空腔结构，主要作用机理包括隔声、吸声、阻尼减振和去耦。其中，隔声去耦覆盖层的隔声、吸声、减振和去耦机理各有侧重点，同时也有相通之处。下面将分别对上述四种机理的侧重点进行介绍。

2.2.1 隔声机理

隔声的目的是通过阻隔结构内部声波向外辐射，并以此降低结构向外的辐射噪声，进而增强舰船的声隐身性能，而隔声去耦覆盖层的隔声作用主要依靠阻抗失配来实现。为了更好地阐述阻抗失配的机理，下面以电学中的阻抗匹配为例进行阐述。在电学中，常把对电路中电流所起的阻碍作用叫作阻抗，它的单位为欧姆（Ω），常表示为 $Z = R + \mathrm{j}(\omega L - 1/(\omega C))$，是一个复数表达式。具体来说，阻抗可分为两个部分，即电阻（实部）和电抗（虚部）。在电学中保障电路阻抗匹配，主要有两个作用，分别是调整负载功率和抑制信号反射。信号传输中传输线上发生特性阻抗突变（即阻抗失配）时会发生反射，由于波长与频率成反比，低频信号的波长远远大于传输线长度，因此一般不用考虑反射问题。而在高频领域，当信号的波长与传输线长处于相同量级时，反射的信号易与原信号混叠，影响信号质量。因此通过阻抗匹配可有效减少、消除高频信号反射。

达到阻抗匹配的方法主要有两种：一是改变阻抗力，就是通过电容、电感与负载的串并联调整负载阻抗，以达到信号源和负载阻抗匹配；二是调整传输线长度，就是加长源和负载间的距离，配合电容和电感把阻抗调整为零，此时信号不会发生反射，使能量都能被负载吸收。

依据相同的原理，在结构振动中，把对结构振动传播的阻碍作用称为阻抗。声波在介质中传播类似电信号在电路中传播，当遇到材料性质不同（即材料阻抗不同）的介质时，会由于阻抗失配而产生声波的反射。对于吸声覆盖层而言，需满足吸声层与水介质的阻抗匹配，方能达到吸收外界入射声波而减少反射的目的。隔声去耦覆盖层的侧重点与之相反，需要满足隔声去耦材料与外部介质形成阻抗失配，从而增加内部声波的反射，达到减少声波向结构外部传播的目的。

具体来说，隔声去耦覆盖层在厚度方向的阻抗是渐变的，从靠近结构钢板的一侧到靠近水的一侧阻抗逐渐增加，如图 2-5 所示。在靠近钢板的一侧阻抗最小，此时隔声去耦覆盖层与钢板形成明显的阻抗失配，从而使结构内部的噪声在钢板处即发生一次反射。而在靠近水的一侧，隔声去耦覆盖层的阻抗最大，与水形成了明显的阻抗失配，从而使从隔声去耦覆盖层中传播至流固交界面的声波再一次发生反射，进一步减少声波向外界的传播。

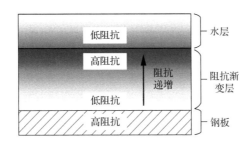

图 2-5　隔声去耦覆盖层的阻抗渐变和阻抗失配

2.2.2　吸声机理

吸声的目的是吸收外部声场入射至隔声去耦覆盖层内的入射声波，以减少声波反射和透射，从而增强舰船结构的声隐身性能。隔声去耦覆盖层的吸声功能主要依靠波形变换和空腔谐振来实现。

1．波形变换

舰船内部声波在空气介质中以纵波的形式传播，当声波传递至结构与隔声去耦覆盖层的分界面上时，一部分声波会入射至隔声去耦覆盖层内，此时声波主要存在两种传播形式，即纵波和剪切波。波形变换通常发生在纵波传播遇到材料中散射颗粒或孔洞形成的各类界面的时刻，伴随着由纵波向剪切波变换的过程。剪切波振动方向与波的传播方向垂直，而材料阻尼对剪切波的耗散作用远大于对纵波的耗散作用，因此剪切波含量增加会增加能量损耗。此外，在隔声去耦覆盖层和空气的交界面上的剪切波难以从材料内折射到空气中去，进而被耗散掉。因此，在隔声去耦覆盖层的设计制造过程中，利用波形变换原理促进纵波向剪切波变换，是提高隔声去耦覆盖层吸声性能的主要方式之一。

目前对半无限平面自由界面上弹性波的反射特性已有比较透彻的研究，如图 2-6 所示，第一行表示反射纵波，第二行表示反射剪切波。反射系数不受弹性波频率 f 的影响，是关于入射角 θ_1 及材料泊松比 ν 的函数。由图 2-6 可知：①纵波垂直入射（$\theta_1=0$）或掠入射（$\theta_1=90°$）时，纵波反射系数为-1，剪切反射系数为 0，弹性波全反射。②当入射角处于某一区间时，纵波反射达到最小。当泊松比为 0.25 时，若 $60°<\theta_1<80°$ 则无纵波反射；当泊松比为 0.45、$\theta_1\approx62°$ 时纵波反射最小。③普通橡胶的泊松比接近 0.5，所以纵波反射系数很大，在 0.9 以上，而转变成剪切波的成分不超过 0.2。④剪切波入射时，反射和透射规律与纵波入射相同，唯一不同的是剪切波透射到空气中都变为纵波。

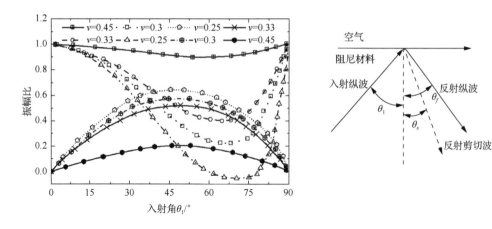

图 2-6 弹性波在流固界面上的反射

隔声去耦覆盖层中大量的散射体单元会使介质中传播的声波产生散射现象，导致声波传递路径发生改变，同时还伴随波形的转换。现有散射模型的理论计算和分析指出，波形变换的效率与波长尺度比和障碍物的弹性性质有关，如图 2-7 所示[6]。从图中可知，从声波波矢 ka=0.2 开始，散射总功率快速增加到 ka=0.4 左右，散射因子为 3 左右，其中 95%为剪切波，此过程中散射体单元处理宽带谐振。当 ka=1.2 时，只有四分之一的散射波能发生波形变换，并改变传播方向。

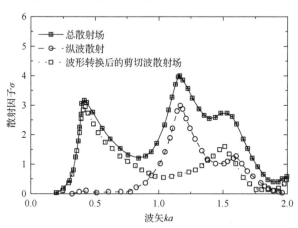

图 2-7 入射波为纵波时球形散射因子的散射场强度

此外，隔声去耦覆盖层中的渐变空腔设计也会促进声波的散射和反射。由于空腔壁法向随厚度不断变化，导致弹性波的波形不断发生变换，从入射时的纵波逐渐向剪切波变换，其传播方向也从最初的纵向向斜向甚至径向变化，最终弹性波传播距离大大增加。声波在结构界面上的反射仅与入射角度和橡胶的泊松比有关，与频率无关，这对整个频段的吸声均有利，使纵波到剪切波的变换能够发生在较宽频带内，如图 2-8 所示。此外，由于剪切波难以从隔声去耦覆盖层中进入流体介质，故大部分剪切波只能在材料内到处传播直至被消耗殆尽。

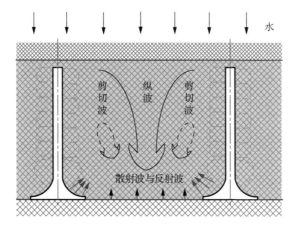

图 2-8　吸声覆盖层内波的散射和反射

2. 空腔谐振

空腔谐振是隔声去耦覆盖层中重要的低频吸声机理，利用渐变空腔尺寸和形状，使隔声去耦覆盖层在一系列频率上与声波产生谐振现象，从而使振动能量最大限度地被阻尼耗散，增加对声波的吸收。符合渐变结构的空腔谐振包括两种模式，即厚度谐振模式和空腔谐振模式。

1）厚度谐振模式

具有均匀圆柱空腔的有限厚隔声去耦覆盖层［如图 2-9（a）］可以被等效成具有等效参数的均匀黏弹性吸声层，它的面输入阻抗为

$$Z_{\mathrm{in}} = \rho'c' \frac{Z_d + \mathrm{j}\rho'c' \tan(k'd)}{\rho'c' + \mathrm{j}Z_d \tan(k'd)} \tag{2-26}$$

式中，Z_d 为终端处（$z = d$）的阻抗，也就是背衬阻抗；上标 "'" 表示等效参数。

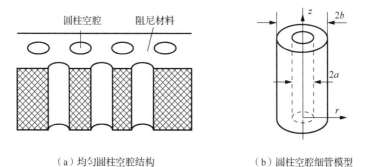

（a）均匀圆柱空腔结构　　　　　　　　（b）圆柱空腔细管模型

图 2-9　均匀圆柱空腔结构和圆柱腔细管示意图

当末端为刚性阻抗（$Z_d \to \infty$）或空气（$Z_d = 0$）时，式（2-26）可简化为

$$\begin{cases} Z_{in\infty} \approx -j\rho'c'\cot(k'd) \\ Z_{in0} \approx j\rho'c'\tan(k'd) \end{cases} \tag{2-27}$$

对于刚性背衬的圆柱空腔隔声去耦覆盖层，在水中的反射系数为

$$R = \frac{Z_{in} - \rho_w c_w}{Z_{in} + \rho_w c_w} = \frac{1 - j\dfrac{\rho_w c_w}{\rho'c'}\tan(k'd)}{1 + j\dfrac{\rho_w c_w}{\rho'c'}\tan(k'd)} \tag{2-28}$$

式中，下角标 w 表示介质为水。

由式（2-28）可知：

（1）当频率极低时，有 $|k'd| \to 0, R \to +1$，此时的情况与背衬为刚性时的反射相似。

（2）当 $\cos(k'd) = 0$ 时，圆柱空腔将交替出现谐振现象，此时结构的反射系数 $R \to -1$，吸声系数达到谷值。因此结构体的最低阶谐振频率为 $k'd = \pi/2$，$f_{r1} \approx c'/(4d)$。

（3）当激励频率使反射系数的模 $|R|$ 取最小值时，可知吸声系数达到峰值，则称该频率为反谐振频率。此条件可以近似表示为

$$1 + j\frac{\rho_w c_w}{Z_{in}}\tan(k'd) = 0 \tag{2-29}$$

（4）在刚性背衬条件下，在外部激励频率从 0 增加至一阶谐振频率的过程中（反射系数从 +1 变化到 -1），必将出现反谐振频率（第一个吸声峰）。但由于此频率处的吸声系数较小，在前面的分析中并未将其称为第一吸声峰。

（5）均匀圆柱空腔隔声去耦覆盖层在刚性背衬条件下的谐振频率依次为 $f_{r1} \approx c'/(4d), f_{r2} \approx 3c'/(4d), \cdots$，因此有效的第一吸声峰频率 $f_{\alpha 1}$（实际是第二个反谐振频率处）将会出现在第一谐振频率和第二谐振频率之间，即

$$f_{\alpha 1} \approx c'/(2d) \tag{2-30}$$

对于空气背衬条件下均匀圆柱空腔隔声去耦覆盖层的厚度谐振性能也可以按照此方法推导计算，得到的第一吸声峰频率 $f_{\alpha 1}$ 为

$$f_{\alpha 1} \approx c'/(4d) \tag{2-31}$$

对比式（2-30）和式（2-31）可知，空气背衬条件下的第一吸声峰频率近似等于刚性背衬条件下的二分之一。

假设某种黏弹性材料参数与频率无关，密度为 1300kg/m³，杨氏模量为 $4 \times 10^8 \text{N/m}^2$，损耗因子为 0.2，泊松比为 0.49；结构内外径分别为 10mm 和 20mm。图 2-10 展示了均匀圆柱空腔隔声去耦覆盖层在刚性背衬条件下厚度对吸声系数的影响曲线[7]。

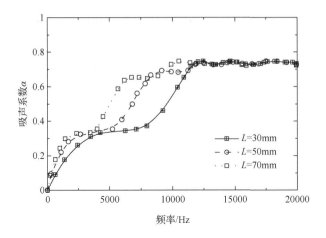

图 2-10   刚性背衬条件下，不同厚度圆柱空腔结构的吸声系数

厚度谐振模式中存在许多反谐振频率点，其中第二反谐振点基本决定了有限长均匀圆柱空腔隔声去耦覆盖层第一吸声峰的大小和位置；频率越高，反谐振频率点分布越密，对高频吸声效果越好。图 2-11 所示为均匀圆柱通道橡胶体厚度谐振时的质点位移矢量图，其中 a、b 和 h 分别表示圆柱空腔的内半径、外半径和高度。从图中可知，第二反谐振点圆柱空腔中部的振动位移最大，纵波变换成剪切波的比例也很大，而两端的空腔变化不大，仍能与水阻抗匹配，水中的纵波能顺利进入材料内部。

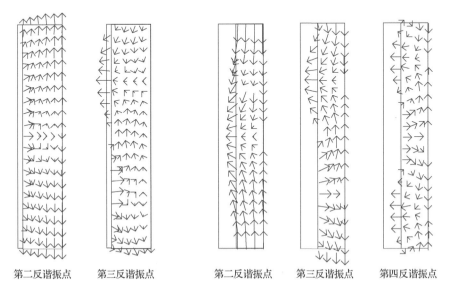

第二反谐振点　第三反谐振点　　　第二反谐振点　第三反谐振点　第四反谐振点

（a）a=1mm, b=10mm, h=50mm　　　　　　（b）a=4mm, b=10mm, h=50mm

图 2-11   均匀圆柱通道橡胶体厚度谐振时的质点位移矢量图

2）空腔谐振模式

空腔谐振的吸声功能主要依靠入射声波引起空腔结构的共振，进而增加能量损耗来实现。下面以亥姆霍兹（Helmholtz）谐振腔吸声结构为例对空腔谐振机理进行阐述。Helmholtz谐振腔由空腔和声波入射短管构成，短管将空腔和外界流体接通。谐振时，入口短管处的气压周期振荡，激励腔体使其内部产生大振幅和谐振声波。需要说明的是，Helmholtz谐振腔的这种放大声压的能力取决于其空腔与短管的体积比，不受谐振腔形状、体积等影响。如图2-12所示，声波沿 x 方向从短管入射到空腔内，腔内空气在入射声波激励下产生剧烈的振荡运动。同时，运动流体的惯性会阻碍腔内由于入射声波引起的运动速度变化。

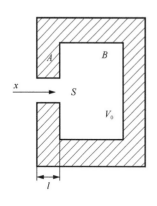

图2-12　Helmholtz谐振腔

要实现空腔结构对声能的最大耗散，需要让具有特定形状尺寸空腔结构的低阶固有频率（即谐振频率 f_r）与入射声波的频率相吻合，从而利用流体在空腔壁面的摩擦和结构阻尼的损耗来实现声能损耗[8]。Helmholtz谐振腔的谐振频率为

$$f_r = \frac{c_0}{2\pi}\sqrt{\frac{S}{lV_0}} \tag{2-32}$$

式中，S 为短管空腔截面积；l 为短管空腔长度；V_0 为空腔体积。当声波入射频率与空腔谐振频率 f_r 接近时，声能损耗效果最佳。

当处于空气介质中时，Helmholtz谐振腔结构吸声系数的理论和计算结果对比如图2-13所示。从图中可以看出，两条曲线变化趋势一致，曲线峰值对应的谐振频率基本相同。证实了当声波频率接近空腔结构谐振频率时，结构对声波的谐振吸声性能。

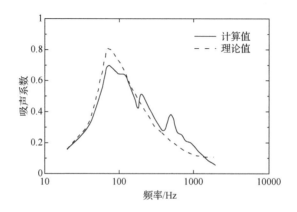

图2-13　Helmholtz谐振腔吸声系数比较

空腔谐振模式同样适用于隔声去耦覆盖层,但相较于结构形式简单的 Helmholtz 谐振腔,隔声去耦覆盖层具有渐变尺寸的复杂空腔。因此,入射声波在隔声去耦覆盖层空腔中的谐振耗散过程十分复杂,存在多种振动模式和多个谐振吸声频率。

2.2.3　减振机理

结构振动时,振动能量在隔声去耦覆盖层中被阻尼消耗,因此其核心是阻尼对结构振动的影响和对能量的耗散作用。隔声去耦基体材料主要包括橡胶和聚氨酯两类,它们在外力作用下均能表现出明显的黏性和弹性双重性质,这是将其作为基体材料的主要原因,其性质及结构对隔声去耦覆盖层的力学性能和阻尼耗能能力有重要影响。这些材料本质上属于高分子聚合物,其独特的性质与其分子链结构有着密切的联系。聚合物的微观结构主要包括分子链结构和聚集态结构,如图 2-14 所示。作为减振用的黏弹性材料,通常需要经过硫化加工工艺,以改善其力学性能。由于硫化交联作用,基体分子链间形成交联网络结构,分子链不能发生整体运动,其性能主要受分子链段、侧基等运动的影响。因此,作为黏弹性材料的基体成分,其耗散能力主要来源于分子链段之间的摩擦作用。

（a）分子链结构　　　　　　　　　　　　　（b）聚集态结构

图 2-14　聚合物的微观结构

受到外力时,曲折状的分子链会产生拉伸、扭曲等变形;分子间的链段也会产生相对的滑移和扭转。当外力去除后,变形的分子链恢复原位,分子之间的相对运动会部分复原,但也有部分分子链段的变化常常不能复原,发生永久变形,这是由黏弹性材料的黏性造成的,将能量转变为热能并耗散,从而体现出黏弹性材料的阻尼特性。因此,当敷设了隔声去耦覆盖层的水下结构发生振动时,一部分振动能量由于隔声去耦材料的阻尼效果,被转换成热能耗散,减少了结构振动能量向外界的传递,从而达到减振的目的。

2.2.4　去耦机理

隔声去耦覆盖层的去耦性能表示水下结构振动和声辐射间的解耦特性,良好的去耦性能表示较大的结构振动位置处不会同时引起过大的声辐射。在实际应用中，一般将隔声去耦覆盖层敷设于机械振动严重或声辐射较强烈的区域，通过其自身阻尼和质量改变结构的固有特性，从而改变结构的振动响应，实现结构振动引起的声辐射能量在空间中的重新分布，使结构振动与声辐射解耦。因此，结构声辐射能量在空间中的分布形式不仅与隔声去耦覆盖层位置有关，还受结构自身形式的影响。

由上可见，隔声去耦覆盖层应用于舰船装备，可以实现以下几种功能：①隔声去耦覆盖层通常粘贴在船体外壁，而其阻抗与两端传播介质（钢介质与水介质）相差悬殊，会形成严重的阻抗失配，能有效阻断舰船噪声的传播途径，从而大大降低舰船的辐射噪声，以此对舰船起到良好的隔声效果；②隔声去耦覆盖层还具有不同尺寸的空腔结构，当声波进入覆盖层内部时，会最大限度地对其进行吸收和损耗，因而具有良好的吸声效果，不仅能损耗舰船壳体振动声辐射，降低辐射噪声，还能有效吸收敌方主动声呐入射声波，减少舰船水下声目标强度；③隔声去耦覆盖层本身的阻尼比较大，具有较强的能量吸收与损耗性能，通常厚度为数厘米，当敷设到厚度较薄的舰船壳体上时，此时就如同形成了一种自由阻尼层结构，会对舰船壳体内振动弯曲波的传播起到一定的抑制作用，同时增加了对声辐射起决定作用的弯曲振动阻尼，以此对舰船起到良好的阻尼减振效果；④隔声去耦覆盖层敷设在结构上，改变了结构的固有特性，使声辐射重新分布，结构振动与声辐射的耦合关系降低，从而减弱结构振动对声辐射的影响；⑤隔声去耦覆盖层内部空腔结构以及高黏弹性材料可以将大部分冲击能量转化为热能耗散掉，因此还具有一定的抗冲击性能，改善舰船抗冲击环境。

2.3　隔声去耦覆盖层声学性能

隔声去耦覆盖层具有隔声、吸声、去耦和减振的功能，下面分别对隔声去耦覆盖层的隔声、吸声、去耦和减振性能的定量描述进行简要介绍。

2.3.1　隔声性能

隔声去耦覆盖层的隔声作用是指阻隔船体内部声波向外辐射并以此降低结构辐射噪声、增强船体水下隐蔽性，隔声去耦覆盖层的隔声原理如图 2-15 所示。

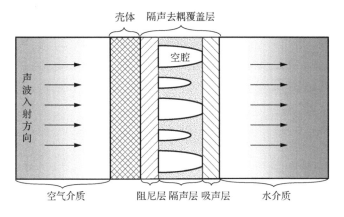

图 2-15　隔声去耦覆盖层的隔声原理

用传声损失系数 T 来表示隔声去耦覆盖层的隔声性能：

$$T = \frac{I_2}{I_i} \tag{2-33}$$

式中，I_2 为入射声波通过隔声去耦覆盖层透射出去的声强；I_i 为入射至隔声去耦覆盖层中的总声波声强。L_T 为隔声去耦覆盖层的插入损失，$L_T = -10\lg T$，单位为 dB。

2.3.2　吸声性能

隔声去耦覆盖层的吸声性能是指吸收入射声波的能力，其作用原理如图 2-16 所示，并可建立吸声性能分析模型。吸声系数如下式所示[9]：

$$\alpha = \frac{I_1}{I_i} \tag{2-34}$$

式中，I_1 为在隔声去耦覆盖层中耗散的声波声强，也就是隔声去耦覆盖层的吸收声强。将 α 表示成分贝形式为 $L_\alpha = -10\lg\alpha$。

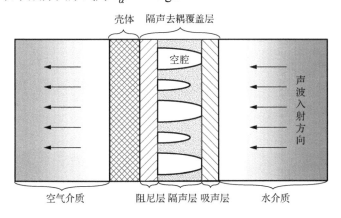

图 2-16　吸声性能分析模型

2.3.3　减振性能

减振性能指隔声去耦覆盖层对结构的阻尼减振性能，通常用结构的振动均方速度级 L_v 或振动加速度级 L_a 衡量结构振动的强弱。

振动均方速度级的计算公式为[10]

$$L_v = 10\lg \frac{\langle v_{mean}^2 \rangle}{\langle v_0^2 \rangle} \qquad (2\text{-}35)$$

式中，v_{mean} 为平均速度；基准速度 $v_0 = 1\times10^{-9}\,\mathrm{m/s}$；$\langle\ \rangle$ 表示均方值。

振动加速度级的计算公式为[11]

$$L_a = 20\lg \frac{a_{rms}}{a_0} \qquad (2\text{-}36)$$

式中，a_{rms} 为平均振动加速度；基准加速度 $a_0 = 1\times10^{-6}\,\mathrm{m/s^2}$。在相同的激励条件下，通过对比敷设隔声去耦覆盖层前后结构上的振动均方速度级或者振动加速度级，可评估其减振性能的强弱。前后差值越大，减振性能越强。

2.3.4　去耦性能

去耦性能表示降低由结构振动引起声辐射强度的性能，良好的去耦性能能够使船体的辐射噪声在船体振动剧烈的情况下也能保持较低水平。因此，隔声去耦覆盖层比单纯的隔声覆盖层多了减振作用。在设计研究中，可比较敷设隔声去耦覆盖层前后结构的辐射声压大小来衡量去耦性能的强弱。为了定量描述隔声去耦覆盖层的去耦性能，可采用去耦系数 NR_t(dB) 来描述，具体定义为：在相同激励载荷及边界条件下，敷设隔声去耦覆盖层前后声压观测点的均方声压比值可表示为

$$NR_t = 10\lg \frac{\overline{p}_{water,bare}^2}{\overline{p}_{water,coated}^2} \qquad (2\text{-}37)$$

式中，$\overline{p}_{water,bare}^2$ 为观测点未敷设隔声去耦覆盖层时的均方声压；$\overline{p}_{water,coated}^2$ 为观测点敷设隔声去耦覆盖层后的均方声压。去耦系数主要用于描述结构敷设隔声去耦覆盖层前后对水中观测点声压变化的影响，用来间接评价隔声去耦覆盖层的去耦性能。

2.4　隔声去耦覆盖层声学机理解析模型

隔声去耦覆盖层的隔声问题可归结为隔声去耦覆盖层对目标结构内入射声波向其他介质方向的传递问题。由于其形式多样且复杂，建立具有复杂空腔的隔声

去耦覆盖层的解析或半解析模型,有利于在优化
设计中快速开展参数化研究。但建立基于弹性力
学的精确解析模型十分困难,因此在实际分析
中,常用多层均匀结构等效多层非均匀结构,并
求出各层等效结构的等效参数(等效反射或透
射系数),理论上则主要采用传递矩阵法建立隔
声去耦覆盖层的解析或半解析模型。

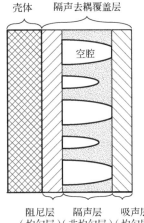

　　隔声去耦覆盖层为多层非均质复合结构,通
常包含均匀层和非均匀层,如图 2-17 所示。空
腔周期性分布且沿厚度方向孔径不变的阻尼层
可以视为均匀层,孔径变化则为非均匀层。下面
首先介绍传递矩阵法基本原理,然后介绍均匀层
传递矩阵模型,最后再进一步介绍非均匀层传递
矩阵模型。

图 2-17　隔声去耦覆盖层均匀层和
非均匀层示意图

2.4.1　传递矩阵法基本原理

　　传递矩阵法(transfer matrix method,TMM)作为一种半数值半解析方法,已
在舰船结构动力学分析中得到广泛应用,并且应用领域在不断扩大,其主要思想
是把复杂连续体离散,建立每个单元的边界条件和各单元之间的物理、力学关系,
每个单元的信息只需通过求解每个离散单元的未知量即可,以此避免建立复杂的
系统动力学方程和求解过程,具有很高的求解效率[12-13]。正是由于传递矩阵法建
模过程简便、求解效率高,其较适用于水下船舶振动与声辐射复杂系统的建模和
分析。

　　在使用传递矩阵法求解时,构建传递矩阵是关键,通常用线性方程组表示单
元两端的传递关系,传递的未知量则称为状态矢量。传递矩阵包括场矩阵和点矩
阵(集中质量、分支点、坐标转换点)。下面对传递矩阵法的基本建模过程进行简
要介绍。

　　设系统离散成 $(n+1)$ 个单元,各个单元的状态矢量的传递关系为

$$Z_{2,1} = U_1 Z_{1,0}$$
$$Z_{3,2} = U_2 Z_{2,1}$$
$$\vdots$$
$$Z_{n+1,n} = U_n Z_{n,n-1}$$

$$(2\text{-}38)$$

式中,$Z_{n,n-1}$ 表示单元一侧的状态矢量,在结构声辐射分析中,通常为位移、力和
声压等;U_n 表示单元传递矩阵。系统两端的状态矢量关系可表示为

$$Z_{n+1,n} = UZ_{0,1}$$
$$U = U_1 U_2 \cdots U_n \tag{2-39}$$

式中，U 表示系统整体传递矩阵。构造传递矩阵主要有以下几个步骤。

（1）利用分离变量原理，将连续体的偏微分方程转化为常微分方程，求得其通解：

$$Z(x) = Z(x)\mathrm{e}^{j\omega t}$$
$$Z(x) = A_1 B_1(x) + A_2 B_2(x) + \cdots + A_n B_n(x) \tag{2-40}$$

式中，A_n 表示通解的未知系数；$B_n(x)$ 为一组已知的基函数。

（2）将通解代入微分方程组，求出状态矢量中的其他状态变量，写成矩阵形式：

$$Z(x) = B(x)a \tag{2-41}$$

式中，未知系数矢量 a 由元素 A_n 组成。

（3）根据 $Z(0) = B(0)a$，消去未知系数矢量 a，即

$$a = B^{-1}(0)Z(0) \tag{2-42}$$

根据总关系式 $Z(x) = B(x)B^{-1}(0)Z(0)$，得到传递矩阵为

$$U_x = B(x)B^{-1}(0) \tag{2-43}$$

（4）根据系统两端的边界条件，得到矩阵中的未知元素。

2.4.2　均匀层传递矩阵

1. 单层介质的传递矩阵

在均匀层中，通常无空腔或者空腔尺寸在厚度方向不发生变化，如图 2-18 所示。当平面波沿着流固交界面法向入射到均匀多层结构表面时，声波不会发生波形变换，因此各层介质中只产生纵波。对于钢板或水层，每层前界面声压 p_1 和法向振速 u_1 与后界面声压 p_2 和法向振速 u_2 的关系可表示为[14]

$$\begin{bmatrix} p_1 \\ u_1 \end{bmatrix} = \begin{bmatrix} a_{11} & a_{12} \\ a_{21} & a_{22} \end{bmatrix} \begin{bmatrix} p_2 \\ u_2 \end{bmatrix} = A \begin{bmatrix} p_2 \\ u_2 \end{bmatrix} \tag{2-44}$$

式中，A 为单层均匀传递矩阵，具体元素表示如下：

$$a_{11} = a_{22} = \cos(kl)$$
$$a_{12} = \mathrm{j}\rho c \sin(kl)$$
$$a_{21} = \frac{\mathrm{j}\sin(kl)}{\rho c} \tag{2-45}$$

式中，l 为层厚。

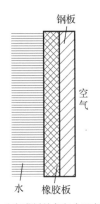
（a）空气背衬均匀复合吸声结构

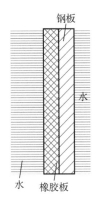
（b）水背衬均匀复合吸声结构

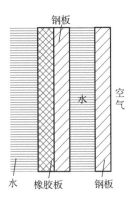
（c）多层均匀复合吸声结构

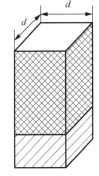
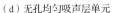
（d）无孔均匀吸声层单元

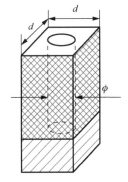
（e）空腔尺寸不变均匀吸声层单元

图 2-18　典型均匀复合层吸声结构

　　无论是单纯吸声层还是隔声去耦覆盖层，橡胶板是最常用的黏弹性阻尼材料。在常温下，橡胶板的力学性质与金属固体有较大不同，而和某些高黏性液体比较接近。因此，可将其近似成高黏性液体（忽略其剪切效应），在式（2-45）中，用复声速 $\bar{c}$ 和复波数 $\bar{k}$ 分别替换声速 c 和波数 k，此时传递矩阵元素表示为

$$a_{11} = a_{22} = \cos(\bar{k}l)$$
$$a_{12} = \mathrm{j}\rho\bar{c}\sin(\bar{k}l)$$
$$a_{21} = \frac{\mathrm{j}\sin(\bar{k}l)}{\rho\bar{c}}$$

(2-46)

式中，复声速和复波数表示为

$$\bar{c} = \sqrt{\frac{\bar{E}}{\rho}} = \sqrt{\frac{E(1+\mathrm{j}\eta)}{\rho}} \approx c\left(1 + \mathrm{j}\frac{\eta}{2}\right)$$

(2-47)

$$\bar{k} = \frac{\omega}{\bar{c}} \approx \omega\sqrt{\frac{\rho}{E}}(1+\mathrm{j}\eta)$$

(2-48)

式中，$\bar{E} = E(1+\mathrm{j}\eta)$ 为黏弹性材料的复杨氏模量；ω 为圆频率，$\omega = 2\pi f$，其中

f 为声波频率。

对于含有周期分布的孔径不变的空腔均匀层，将整个结构划分为许多相同的周期单元 [图 2-18（e）]。由于不考虑单元之间的相互作用，因此整个空腔均匀层的声学性能与单个单元的声学性能相同。对于无孔均匀层，单元截面为边长等于 d 的正方形，截面积 $S = d^2$。对于孔径不变的空腔均匀层，截面积 $S = d^2 - \pi\phi_2^2 / 4$，此处 ϕ_2 为空腔均匀层的孔径。

由式（2-44）和每个单元前、后端面总压力 $F_1 = p_1 S$、$F_2 = p_2 S$ 可得

$$\begin{bmatrix} F_1 \\ u_1 \end{bmatrix} = \begin{bmatrix} a_{11} & a_{12} \\ a_{21} & a_{22} \end{bmatrix} \begin{bmatrix} F_2 \\ u_2 \end{bmatrix} = \mathbf{A} \begin{bmatrix} F_2 \\ u_2 \end{bmatrix} \tag{2-49}$$

对于钢板或水层，传递矩阵 $\mathbf{A}$ 中的元素为

$$\begin{aligned} a_{11} &= a_{22} = \cos(kl) \\ a_{12} &= \mathrm{j}\rho cS \sin(kl) \\ a_{21} &= \frac{\mathrm{j}\sin(kl)}{\rho cS} \end{aligned} \tag{2-50}$$

对于橡胶板第一层近似有

$$\begin{aligned} a_{11} &= a_{22} = \cos(\bar{k}l) \\ a_{12} &= \mathrm{j}\rho\bar{c}S \sin(\bar{k}l) \\ a_{21} &= \frac{\mathrm{j}\sin(\bar{k}l)}{\rho\bar{c}S} \end{aligned} \tag{2-51}$$

2. 多层介质的传递矩阵

当平面波垂直入射至多层介质中时，只需在单层介质的基础上，进一步引入各均匀层之间的边界连续条件，包括声压连续、法向振速连续，将各层的传递矩阵 $\mathbf{A}^{(n)}$（$n = 1, 2, \cdots, N$）相关联，即可得到多层结构的传递矩阵 $\mathbf{B}$：

$$\begin{bmatrix} p_1 \\ u_1 \end{bmatrix} = \mathbf{A}^{(1)} \mathbf{A}^{(2)} \cdots \mathbf{A}^{(N)} \begin{bmatrix} p_{N+1} \\ u_{N+1} \end{bmatrix} = \mathbf{B} \begin{bmatrix} p_{N-1} \\ u_{N-1} \end{bmatrix} = \begin{bmatrix} b_{11} & b_{12} \\ b_{21} & b_{22} \end{bmatrix} \begin{bmatrix} p_{N+1} \\ u_{N+1} \end{bmatrix} \tag{2-52}$$

3. 输入端面系数

图 2-18（a）和图 2-18（c）的结构中，后面为空气，近似为真空，即终端近似为自由边界：

$$p_{N+1} = 0 \tag{2-53}$$

将式（2-53）代入式（2-52）中，可得输入端面的输入阻抗：

$$Z_{\mathrm{in}} = \frac{p_1}{u_1} = \frac{b_{12}}{b_{22}} \tag{2-54}$$

当图 2-18 的结构背衬为水时，终端边界条件为

$$\frac{p_{N+1}}{u_{N+1}} = \rho_w c_w$$

$$Z_{in} = \frac{\rho_w c_w b_{11} + b_{12}}{\rho_w c_w b_{21} + b_{22}}$$

（2-55）

边界条件为

$$\frac{p_1}{u_1} = \rho_w c_w$$

（2-56）

由式（2-54）、式（2-56）得图 2-18（a）、（c）结构的反射系数、吸声系数：

$$R = \frac{Z_{in} - \rho_w c_w}{Z_{in} + \rho_w c_w} = \frac{b_{12} - \rho_w c_w b_{22}}{b_{12} + \rho_w c_w b_{22}}$$

（2-57）

$$\alpha = 1 - R \cdot R^* = 1 - \left(\frac{b_{12} - \rho_w c_w b_{22}}{b_{12} + \rho_w c_w b_{22}}\right)\left(\frac{b_{12} - \rho_w c_w b_{22}}{b_{12} + \rho_w c_w b_{22}}\right)^*$$

（2-58）

由式（2-54）、式（2-55）可求得图 2-18（b）结构的反射系数、吸声系数：

$$R = \frac{Z_{in} - \rho_w c_w}{Z_{in} + \rho_w c_w} = \frac{(\rho_w c_w b_{11} + b_{12}) - \rho_w c_w (\rho_w c_w b_{21} + b_{22})}{(\rho_w c_w b_{11} + b_{12}) + \rho_w c_w (\rho_w c_w b_{21} + b_{22})}, \quad \alpha = 1 - R \cdot R^*$$

（2-59）

根据多层复合结构两端界面的边界条件即可求得隔声量：

$$\text{TL} = 10\lg\left[\left|(S\rho_w c_w d_{11} + d_{12}) + S\rho_a c_a (S\rho_w c_w d_{21} + d_{22})\right|^2 / (4S^2 \rho_a c_a \rho_w c_w)\right]$$

（2-60）

式中，S 为周期单元横截面积；$\rho_a c_a$、$\rho_w c_w$ 分别为空气和水的特性阻抗。

2.4.3　非均匀层传递矩阵

隔声去耦覆盖层中既有均匀层也有孔径随厚度变化的非均匀层，简化模型如图 2-19 所示。此时可将高频声波在非均匀层中的传播过程等效为在高黏性液体变截面波导中的传播，故有波动非线性方程[15]：

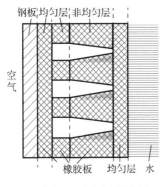

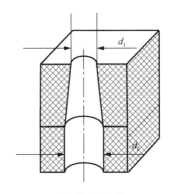

（a）均匀层和非均匀层结构图　　　　　　　　　　　（b）变孔径空腔

图 2-19　隔声去耦覆盖层各层结构示意图

$$\frac{\partial^2 \xi(x)}{\partial x^2} + \frac{1}{S}\frac{\partial S(x)}{\partial x}\frac{\partial \xi(x)}{\partial x} + \bar{k}^2 \xi(x) = 0 \qquad (2\text{-}61)$$

式中，质点位移 $\xi(x)$、截面积 $S(x)$ 都是 x 的函数。仅当截面积 $S(x)$ 满足特定条件时可将方程转换为线性方程，进而得到传递矩阵解析表达式；当 $S(x)$ 不满足特定条件时，需要采用分段近似的方法。下面分别介绍两种情况。

1. 特定空腔截面的传递矩阵解析解

当截面积 $S(x)$ 满足特定条件：

$$\frac{\left(\sqrt{S(x)}\right)''}{\sqrt{S(x)}} = \mu^2 \quad (\mu\text{为常数}) \qquad (2\text{-}62)$$

令

$$\xi(x) = \frac{1}{\sqrt{S(x)}}\xi(x) \qquad (2\text{-}63)$$

得

$$\frac{\mathrm{d}^2 \xi(x)}{\mathrm{d}x^2} + \bar{K}^2 = 0 \quad (\bar{K}^2 = \bar{k}^2 - \mu^2) \qquad (2\text{-}64)$$

式（2-64）为线性方程，其解代入式（2-63）中即可得到式（2-61）的解，根据 μ^2 和 $\bar{k}^2$ 的关系可得到解的三种形式。

（1）解一：

$$\xi(x) = \frac{1}{\sqrt{S(x)}}\left(A\mathrm{e}^{\mathrm{j}\sqrt{\bar{k}^2-\mu^2}\,x} + B\mathrm{e}^{-\mathrm{j}\sqrt{\bar{k}^2-\mu^2}\,x}\right) \quad (\bar{k}^2 - \mu^2 > 0) \qquad (2\text{-}65)$$

式中，

$$\sqrt{S(x)} = \begin{cases} a\mathrm{e}^{\mu x} + b\mathrm{e}^{-\mu x} & (\mu^2 > 0, \mu^2 < \bar{k}^2) \\ a\cos(|\mu|x) + b\sin(|\mu|x) & (\mu^2 < 0, \mu^2 < \bar{k}^2) \\ ax + b & (\mu^2 = 0) \end{cases} \qquad (2\text{-}66)$$

式中，a 为光锥的粗端半径；b 为光锥的尖端半径。

（2）解二：

$$\xi(x) = \frac{1}{\sqrt{S(x)}}(Ax + B) \quad (\bar{k}^2 - \mu^2 = 0) \qquad (2\text{-}67)$$

式中，A、B 为传递矩阵元素。

$$\sqrt{S(x)} = a\mathrm{e}^{\bar{k}x} + b\mathrm{e}^{-\bar{k}x} \qquad (2\text{-}68)$$

（3）解三：

$$\xi(x) = \frac{1}{\sqrt{S(x)}}\left(A\mathrm{e}^{\sqrt{\mu^2-\bar{k}^2}\,x} + B\mathrm{e}^{-\sqrt{\mu^2-\bar{k}^2}\,x}\right) \quad (\bar{k} - \mu^2 < 0) \qquad (2\text{-}69)$$

式中，

$$\sqrt{S(x)} = a\mathrm{e}^{\mu x} + b\mathrm{e}^{-\mu x} \tag{2-70}$$

非均匀孔层中任意深处单元截面上总压力和质点振速可用质点位移表示为

$$F(x) = S(x)p(x) = -\rho c^2 S(x)\frac{\partial \xi(x)}{\partial x} \tag{2-71}$$

$$u(x) = \mathrm{j}\omega\xi(x)$$

式中，$F(x)$ 表示总压力；$p(x)$ 表示截面压强；ρ 为质点密度；c 为波速；$u(x)$ 为质点振速。

前后界面处的边界条件为

$$\left. F(x)\right|_{x=0} = F_1 = p_1 S \quad \left. F(x)\right|_{x=l_2} = F_2 = p_2 S \\ \left. u(x)\right|_{x=0} = u_1 \qquad \left. u(x)\right|_{x=l_2} = u_2 \tag{2-72}$$

式中，p 为压强；S 为界面处的面积；l 为单元长度，下标 1、2 分别代表前后界面。

将式（2-66）代入式（2-71）、式（2-72）中，可得 $\mu^2 < \bar{k}^2$ 时，F_1、u_1 与 F_2、u_2 为传递矩阵的元素：

$$a_{11} = \sqrt{\frac{S_1}{S_2}}\left[\cos(\bar{K}l_2) + \frac{\left(\dfrac{\mathrm{d}S}{\mathrm{d}x}\right)_1}{2\bar{K}S_1}\sin(\bar{K}l_2)\right]$$

$$a_{12} = \frac{\mathrm{j}\rho\bar{c}\sqrt{S_1 S_2}}{\bar{k}}\left\{\frac{\cos(\bar{K}l_2)}{2}\left[\frac{\left(\dfrac{\mathrm{d}S}{\mathrm{d}x}\right)_2}{S_2} - \frac{\left(\dfrac{\mathrm{d}S}{\mathrm{d}x}\right)_1}{S_1}\right] + \sin(\bar{K}l_2)\left[\bar{K} + \frac{\left(\dfrac{\mathrm{d}S}{\mathrm{d}x}\right)_1\left(\dfrac{\mathrm{d}S}{\mathrm{d}x}\right)_2}{4\bar{K}S_1 S_2}\right]\right\}$$

$$a_{21} = \frac{\mathrm{j}\bar{k}\sin(\bar{K}l_2)}{\bar{K}\rho\bar{c}\sqrt{S_1 S_2}}$$

$$a_{22} = \sqrt{\frac{S_1}{S_2}}\left[\cos(\bar{K}l_2) - \frac{\left(\dfrac{\mathrm{d}S}{\mathrm{d}x}\right)_2}{2\bar{K}S_2}\sin(\bar{K}l_2)\right] \tag{2-73}$$

式中，$\bar{K} = \sqrt{\bar{k}^2 - \mu^2}$；$S_1 = d^2 - \pi r_1^2$、$S_2 = d^2 - \pi r_2^2$ 和 $(\mathrm{d}S/\mathrm{d}x)_1 = (\mathrm{d}S/\mathrm{d}x)|_{x=0}$、$(\mathrm{d}S/\mathrm{d}x)_2 = (\mathrm{d}S/\mathrm{d}x)|_{x=l_2}$ 分别为前后端截面积及其一阶导数，其中 r_1、r_2 为非均匀空腔层单元前后的孔径。

同样，以式（2-67）、式（2-68）代替式（2-66），可分别得到 $\mu^2 = \bar{k}^2$ 和 $\mu^2 > \bar{k}^2$ 时的传递矩阵元素，它们分别以 $\bar{K} = 0$ 和 $\bar{K} = \mathrm{j}\sqrt{\mu^2 - k^2}$ 代替式（2-73）中的

$\bar{K} = \sqrt{\bar{k}^2 - \mu^2}$ 得到。于是，三种情况的传递矩阵元素可以统一表示为式（2-73），其中，

$$\bar{K} = \begin{cases} \sqrt{\bar{k}^2 - \mu^2} & (\mu^2 \leqslant \bar{k}^2) \\ j\sqrt{\mu^2 - \bar{k}^2} & (\mu^2 > \bar{k}^2) \end{cases} \tag{2-74}$$

2. 任意空腔截面层的传递矩阵近似解

对于任意空腔结构，当等效波导截面不满足 $(\sqrt{S})'' / \sqrt{S}$ 为常数的条件时需采用分段近似方法，将任意空腔结构划分为多个薄层，当薄层数量较多时，每个薄层就可用满足 $(\sqrt{S})'' / \sqrt{S}$ 为常数条件的函数 $S(x)$ 近似表示。此时各薄层的传递矩阵元素就可用式（2-73）求解得到，最后再由各个分层界面上的边界条件将各薄层传递矩阵相乘，从而求得分段截面空腔结构的传递矩阵。

各薄层均用锥形波导 $\sqrt{S(x)} = ax + b$ 或指数波导 $\sqrt{S(x)} = be^{-\mu x}$（即悬链线波导 $\sqrt{S(x)} = ae^{\mu x} + be^{-\mu x}$ 中 $a=0$ 时的特例）近似。在层厚 $0 \leqslant x \leqslant l_2$ 之间选取各薄层分割点 $x_{(1)} = 0$，$x_{(2)}, \cdots, x_{(m)}$，$x_{(m+1)} = l_2$，各分割点对应的截面积分别为 $S_1 = S_{(1)}$，$S_{(2)}, \cdots, S_{(m)}, S_{(m+1)} = S_2$，如图 2-20 所示。

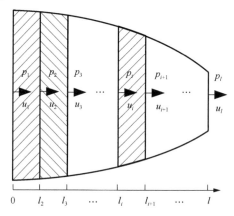

图 2-20 空腔分段离散化

当每段用锥形波导近似时，由

$$\sqrt{S_{(m)}} = a_m x_{(m)} + b_m$$
$$\sqrt{S_{(m+1)}} = a_m x_{(m+1)} + b_m \tag{2-75}$$

可得截面积近似函数为

$$\sqrt{S^{(m)}(x)} = \frac{\sqrt{S_{(m+1)}} - \sqrt{S_{(m)}}}{x_{(m-1)} - x_{(m)}} x + \frac{x_{(m+1)}\sqrt{S_{(m)}} - x_{(m)}\sqrt{S_{(m-1)}}}{x_{(m+1)} - x_{(m)}} \tag{2-76}$$

当每段用指数波导近似时，由

$$\sqrt{S_{(m)}} = b_m \mathrm{e}^{-\mu_m x_{(m)}}$$
$$\sqrt{S_{(m-1)}} = b_m \mathrm{e}^{-\mu_m x_{(m-1)}}$$

（2-77）

可得

$$\sqrt{S^{(m)}(x)} = \sqrt{S_{(m)}} \left(\frac{S_{(m)}}{S_{(m+1)}} \right)^{\frac{x_{(m)}-x}{2(x_{(m+1)}-x_{(m)})}}$$

（2-78）

分层界面上边界条件为声压连续、质点振速连续，由于截面连续变化，声压连续等价于单元截面上总压力连续。根据每个薄层之间的边界条件，可将每一层的传递矩阵 $[D^{(n)}]$ $(n=1,2,\cdots,M)$ 相乘得非均匀空腔层的整体传递矩阵[16]，即

$$\begin{bmatrix} F_1 \\ u_1 \end{bmatrix} = [D^{(1)}][D^{(2)}]\cdots[D^{(M)}] \begin{bmatrix} F_0 \\ u_0 \end{bmatrix} = E \begin{bmatrix} F_0 \\ u_0 \end{bmatrix}$$

（2-79）

3. 各层介质间的边界条件

相邻单元截面、相同的均匀层之间，满足截面上总压力连续、质点振速连续的条件。空腔橡胶层与钢板和无空腔橡胶交界面形成突变，因此截面上各点边界条件实际上是不一致的，需近似。以第一层无空腔橡胶层与第二层空腔橡胶层为例，考虑以下两种近似假设。

（1）设交界面上质点振速连续、总压力连续，即

$$pS = p'S_1$$
$$u = u'$$

（2-80）

（2）设交界面上体积速度连续，材料接触面上声压连续，即

$$p = p'$$
$$uS = u'S_1$$

（2-81）

因为单元界面上的平均输入阻抗为

$$Z_{\mathrm{in}} = \frac{p}{u}$$

（2-82）

所以由式（2-82）可得 $Z_{\mathrm{in}} = p'S/(u'S_1)$，假设 p'/u' 为固定值，则孔径越大，即 S/S_1 越大，平均阻抗反而越大，这与物理概念不符。由式（2-80）得 $Z_{\mathrm{in}} = p'S_1/(u'S)$，$S_1/S$ 越大，即孔径越小，平均阻抗越大，故对液态固体不连续界面上边界条件取假设（1）较为合理。同理，空腔橡胶层与前钢板界面也是如此。

4. 材料声学参量与杨氏模量的关系

由于隔声去耦覆盖层多为黏弹性材料，故将杨氏模量、剪切模量、体积压缩

模量和泊松比表示成复数形式，由四个变量中的任意两个变量可推导得到另外两个变量。假设材料的杨氏模量和泊松比已知，则剪切模量和体积压缩模量的实部和损耗因子可分别表示为[17]

$$G' = \frac{E'(1+\sigma'+\eta_E\sigma'')}{2\left((1+\sigma')^2+\sigma''^2\right)}, \quad \eta_G = \frac{(1+\sigma')\eta_E-\sigma'}{1+\sigma'+\sigma''\eta_E}$$

$$k' = \frac{E'(1-2\sigma'-2\eta_E\sigma'')}{3\left((1-2\sigma'')^2+(2\sigma'')^2\right)}, \quad \eta_k = \frac{(1-2\sigma')\eta_E+2\sigma''}{(1-2\sigma')-2\sigma''\eta_E} \tag{2-83}$$

式中，G' 为剪切模量的实部；k' 为体积压缩模量的实部；σ'、σ''、η_E、η_G、η_k 分别为泊松比实部、虚部和各模量的损耗因子。

无限介质中的纵波复声速为

$$\bar{c} = \sqrt{\left(\bar{K}+\frac{4}{3}\bar{G}\right)/\rho} = c_{0l}\sqrt{1+\mathrm{j}\eta} \tag{2-84}$$

式中，$\bar{G}$ 表示剪切模量。纵波相速度（无损耗）为

$$c_{0l} = \sqrt{\left(\bar{K}+\frac{4}{3}\bar{G}\right)/\rho}, \quad \eta = \left(\eta_K K'+\frac{4}{3}\eta_M\bar{G}\right)/\left(K'+\frac{4}{3}G'\right) \tag{2-85}$$

则式（2-84）可改写为

$$\bar{c} = c_{0l}\sqrt{\sqrt{1+\eta^2}\left(1+\sqrt{1+\eta^2}\right)/2} \times \left(1+\mathrm{j}\sqrt{\left(\sqrt{1+\eta^2}-1\right)/\left(\sqrt{1+\eta^2}+1\right)}\right) \tag{2-86}$$

材料阻抗为

$$\bar{z}_a = \rho\bar{c} = z'_a+\mathrm{j}z'_m = z'_a(1+\mathrm{j}\eta_z) \tag{2-87}$$

式中，声阻为

$$z'_a = \rho c_{0l}\sqrt{\frac{\sqrt{1+\eta^2}\left(1+\sqrt{1+\eta^2}\right)}{2}} \tag{2-88}$$

声抗为

$$z'_m = \rho c_{0l}\sqrt{\frac{\sqrt{1+\eta^2}\left(\sqrt{1+\eta^2}-1\right)}{2}} \tag{2-89}$$

阻抗损耗因子为

$$\eta_z = 1+\mathrm{j}\sqrt{\frac{\sqrt{1+\eta^2}-1}{\sqrt{1+\eta^2}+1}} \tag{2-90}$$

波数为 $k_l = \omega/c_l$，则纵波相速度（有损耗）为

$$c_l = c_{0l}\sqrt{2(1+\eta^2)/\left(1+\sqrt{1+\eta^2}\right)} \tag{2-91}$$

衰减系数为

$$\alpha_l = \frac{\eta\omega}{c_{0l}\sqrt{2(1+\eta^2)\left(1+\sqrt{1+\eta^2}\right)}} \tag{2-92}$$

同理，仅需用 G' 代替 $K+(4/3)G'$，用 η_G 代替 η，即可得横波相应的公式。由式（2-92）可知，材料衰减系数与声速成反比，同时还是损耗因子的函数。根据式（2-89）～式（2-92）可知，损耗因子、声速和衰减系数都是复杨氏模量的函数，因此衰减系数同时还是频率的函数。

2.5　隔声去耦覆盖层声学机理数值模型

2.4 节基于传递矩阵法对隔声去耦覆盖层声学性能和机理分析的解析模型进行了介绍，可以较快速地对隔声去耦覆盖层的声学性能进行评估和参数化研究，但是要完全用解析或者半解析法解决复杂结构问题十分困难[18]。随着数值计算技术的发展和功能强大的商业软件的出现，有限元法（finite element method，FEM）和统计能量分析可以很好地解决非均匀、非规则结构在中低频和中高频的声学性能计算问题，可以研究隔声去耦覆盖层敷设在舰船结构上的流固耦合振动特性及声辐射特性的问题，也可以更加直观地揭示隔声去耦覆盖层周期单元模型的声学机理。因此，要设计出具有良好综合声学性能的隔声去耦覆盖层，必须两者结合，以解析模型的理论结果为指导方向，用数值模型来进行具体参数设计。

2.5.1　隔声去耦覆盖层数值理论基础

对隔声去耦覆盖层数值建模之前，需要将声波频率分为中低频和中高频。对于中低频声学模型，主要采用有限元法进行建模分析，此时只需要一定数量的网格单元就能够建立较为精确的数值模型，该模型能够准确反映隔声去耦覆盖层在低频下的谐振特性；对于中高频声学模型，由于计算频率较高，此时采用有限元法建模则需要大量的网格单元，进而导致计算效率较低，此时主要采用统计能量分析进行隔声去耦覆盖层中高频建模分析。下面分别对有限元法和统计能量分析的基本理论进行介绍。

1. 中低频数值建模方法

1）有限元法基本原理

有限元法是一种现代数值计算方法，分为力法、位移法和混合法[19]。其中，力法以应力为基本未知量；位移法以位移为基本未知量；同时采用两种未知量的求解方法则称为混合法。其中，位移法适用性强、易于编程，应用最广，因此本书采用位移法进行建模分析。

有限元法的基本思想可以归纳为化整为零、集零为整。有限元法的主要步骤归纳如下。

（1）离散化。对求解区域进行网格划分，将结构划分为有限数量的单元。对于二维求解域，可采用三角形或四边形单元进行划分。对于三维求解域，可以采用四面体、任意六面体单元进行划分。

（2）选择位移模式（又称位移函数）。位移函数用于描述单元各部分的运动模式，是单元节点位移的函数，单元内部任意点的位移可由位移函数插值得到。

（3）建立单元矩阵。选定单元的类型和位移函数后，根据变分原理建立单元运动微分方程，从而得到单元矩阵，包括刚度矩阵、质量矩阵和阻尼矩阵等。对于静力问题，其力的平衡方程组可表示为

$$K^e \delta^e = F^e \qquad (2\text{-}93)$$

式中，上角标 e 表示单元编号；δ^e 是单元的节点位移；K^e 是单元的刚度矩阵，反映单元的刚度特性；F^e 是作用在单元上的外力。

（4）组装单元矩阵，形成系统方程组。遵循相邻各单元在共同节点处具有相同位移的原则，将所有单元矩阵进行组装，得到描述系统的整体矩阵和线性方程组。系统方程在形式上与单元方程相同，即

$$K\delta = F \qquad (2\text{-}94)$$

式中，K 是总刚度矩阵；δ 是所有节点位移矢量；F 是总节点载荷矢量。

（5）求解基本方程，得到节点位移。得到系统方程之后，引入边界条件即可进行求解，得到节点位移。

（6）由节点位移计算单元的应变与应力。解出节点位移后，由弹性力学的几何方程和物理方程来计算应变与应力。

2）流固耦合基本理论

在理想流体（均匀、不可压缩、无黏滞吸收和静态流速为零的流体）的假设下，流体介质中的声波动方程为[20]

$$\frac{1}{c^2} \frac{\partial^2 p}{\partial t^2} - \nabla^2 p = 0 \qquad (2\text{-}95)$$

式中，$c = \sqrt{K/\rho_0}$ 为流体介质中的声速，其中 K 为流体介质的体积模量，ρ_0 为流体介质密度；t 为时间变量；p 为声压；∇ 为拉普拉斯算子，可表示为

$$\nabla = L = \left[\begin{array}{ccc} \dfrac{\partial}{\partial x} & \dfrac{\partial}{\partial y} & \dfrac{\partial}{\partial z} \end{array} \right]^{\mathrm{T}} \qquad (2\text{-}96)$$

式中，L 为系统损耗因子矩阵，则波动方程（2-95）可改写成下面的矩阵形式：

$$\frac{1}{c^2} \frac{\partial^2 p}{\partial t^2} - L^{\mathrm{T}} L p = 0 \qquad (2\text{-}97)$$

在式（2-97）两端同乘以声压的微小增量 δp，并在流体区域内积分，可得

$$\iiint_{V_f} \frac{1}{c^2} \delta p \frac{\partial^2 p}{\partial t^2} \mathrm{d}V + \iiint_{V_f} \boldsymbol{L}^{\mathrm{T}} \delta p \boldsymbol{L} p \mathrm{d}V = \iint_{S_{sf}+S_{ff}} \boldsymbol{n}_I^{\mathrm{T}} \delta p \boldsymbol{L} p \mathrm{d}S \quad （2\text{-}98）$$

式中，$\boldsymbol{n}_I$ 表示流固交界面的法向矢量；V_f、S_{sf} 和 S_{ff} 分别表示三维的流体空间、二维的流固交界面和二维的流体与流体交界面的积分域，其中下角标 s 和 f 分别表示固体和流体。

在理想流体的流固耦合分析中，根据位移连续性假设，流固交界面流体介质质点的位移和固体介质质点的位移相等，流固交界面的流体中声压等于固体中在界面法线方向的应力取反[19]。此时流体介质的运动方程为

$$\rho_0 \frac{\partial u}{\partial t} = -\nabla p \quad （2\text{-}99）$$

式中，u 为流体介质的质点振速。设固体介质的质点位移用 $\boldsymbol{\delta}$ 表示，则在界面附近 $u = \partial \boldsymbol{\delta} / \partial t$。将其代入式（2-99）得

$$\rho_0 \frac{\partial^2 \boldsymbol{\delta}}{\partial t^2} = -\nabla p \quad （2\text{-}100）$$

利用算子符号写成矩阵形式可得

$$\boldsymbol{n}^{\mathrm{T}} \boldsymbol{L} p = -\rho_0 \boldsymbol{n}^{\mathrm{T}} \frac{\partial^2 \boldsymbol{\delta}}{\partial t^2} \quad （2\text{-}101）$$

则结构质点位移可表示为

$$\boldsymbol{\delta} = \begin{bmatrix} u & v & w \end{bmatrix}^{\mathrm{T}} \quad （2\text{-}102）$$

将式（2-101）代入式（2-97）得到流固耦合基本方程，即

$$\iiint_{V_f} \frac{1}{c^2} \delta p \frac{\partial^2 p}{\partial t^2} \mathrm{d}V + \iiint_{V_f} \boldsymbol{L}^{\mathrm{T}} \delta p \boldsymbol{L} p \mathrm{d}V = -\iint_{S_{sf}} \rho_0 \delta p \boldsymbol{n}_I^{\mathrm{T}} \frac{\partial^2 \boldsymbol{\delta}}{\partial t^2} \mathrm{d}S + \iint_{S_{ff}} \boldsymbol{n}_{II}^{\mathrm{T}} \delta p \boldsymbol{L} p \mathrm{d}S \quad （2\text{-}103）$$

式中，$\boldsymbol{n}_{II}$ 为流体交界面的法向矢量。

3）中低频数值模型建立的基本过程

（1）流体有限元基本公式。

根据有限元法基本原理，将三维流体区域 V_f 及其二维边界 S_{sf}、S_{ff} 离散，此时用节点声压矢量 $\boldsymbol{P}^e$ 和单元形函数表示单元内任意点的声压 p：

$$p = \boldsymbol{N}_P^{\mathrm{T}} \boldsymbol{P}^e \quad （2\text{-}104）$$

则声压的时间导数以及声压的变分为

$$\frac{\partial^2 p}{\partial t^2} = \boldsymbol{N}_P^{\mathrm{T}} \ddot{\boldsymbol{P}}^e \quad （2\text{-}105）$$

$$\delta p = \boldsymbol{N}_P^{\mathrm{T}} \delta \boldsymbol{P}^e = \delta \boldsymbol{P}^{e\mathrm{T}} \boldsymbol{N}_P$$

式中，$\boldsymbol{N}_P$ 为三维声场单元插值形函数。在流固交界面 S_{sf} 上，结构单元的位移可由单元节点和单元的形函数进行表示：

$$u = \sum_i N_i u_i$$
$$v = \sum_i N_i v_i \tag{2-106}$$
$$w = \sum_i N_i w_i$$

此时位移矢量 $\boldsymbol{\delta}$ 用形函数和节点位移表示为

$$\boldsymbol{\delta} = \begin{bmatrix} u & v & w \end{bmatrix}^{\mathrm{T}} = \boldsymbol{N}_\delta \boldsymbol{\delta}^e \tag{2-107}$$

式中，$\boldsymbol{N}_\delta$ 是形函数矩阵，其表达式如下：

$$\boldsymbol{N}_\delta = \begin{bmatrix} N_1 & 0 & 0 & N_2 & 0 & 0 & \cdots & N_n & 0 & 0 \\ 0 & N_1 & 0 & 0 & N_2 & 0 & \cdots & 0 & N_n & 0 \\ 0 & 0 & N_1 & 0 & 0 & N_2 & \cdots & 0 & 0 & N_n \end{bmatrix} \tag{2-108}$$

$\boldsymbol{\delta}^e$ 是单元节点各方向位移分量组成的单元节点位移矢量：

$$\boldsymbol{\delta}^e = \begin{bmatrix} \boldsymbol{\delta}_1^{\mathrm{T}} & \boldsymbol{\delta}_2^{\mathrm{T}} & \cdots & \boldsymbol{\delta}_n^{\mathrm{T}} \end{bmatrix}^{\mathrm{T}} \tag{2-109}$$

式中，

$$\boldsymbol{\delta}_i = \begin{bmatrix} u_i & v_i & w_i \end{bmatrix}^{\mathrm{T}} \quad (i = 1,2,3,\cdots,n) \tag{2-110}$$

则振速的时间导数为

$$\frac{\partial^2 \boldsymbol{\delta}}{\partial t^2} = \boldsymbol{N}_\delta \ddot{\boldsymbol{\delta}}^e \tag{2-111}$$

将式（2-103）中原本对系统整体的体积积分和面积积分分别写成对每个离散单元的积分，再对所有单元积分进行求和，并代入式（2-104）～式（2-111）得

$$\sum_e \left[\iiint_{V_f^e} \frac{1}{c^2} \delta \boldsymbol{P}^{e\mathrm{T}} \boldsymbol{N}_P \boldsymbol{N}_P^{\mathrm{T}} \ddot{\boldsymbol{P}}^e \mathrm{d}V \right] + \sum_e \left[\iiint_{V_f^e} \delta \boldsymbol{P}^{e\mathrm{T}} \boldsymbol{N}_P \boldsymbol{L}^{\mathrm{T}} \boldsymbol{L} \boldsymbol{N}_P^{\mathrm{T}} \boldsymbol{P}^e \mathrm{d}V \right]$$

$$= -\sum_e \left[\iint_{S_{sf}^e} \rho_0 \delta \boldsymbol{P}^{e\mathrm{T}} \boldsymbol{N}_P \boldsymbol{n}_I^{\mathrm{T}} \boldsymbol{N}_\delta \ddot{\boldsymbol{\delta}}^e \mathrm{d}S \right] + \sum_e \left[\iint_{S_{ff}^e} \delta \boldsymbol{P}^{e\mathrm{T}} \boldsymbol{N}_P \boldsymbol{n}_{II}^{\mathrm{T}} \boldsymbol{L} \boldsymbol{N}_P^{\mathrm{T}} \boldsymbol{P}^e \mathrm{d}S \right] \tag{2-112}$$

由于 $\delta \boldsymbol{P}^e$ 是任意微小变化量，因此可在等式两端约去，并记运算符 $\boldsymbol{B} = \boldsymbol{L} \boldsymbol{N}_P^{\mathrm{T}}$，则式（2-112）又可写成

$$\sum_e \left[\iiint_{V_f^e} \frac{1}{c^2} \boldsymbol{N}_p \boldsymbol{N}_p^{\mathrm{T}} \boldsymbol{P}^e \mathrm{d}V \right] + \sum_e \left[\iiint_{V_f^e} \boldsymbol{B}^{\mathrm{T}} \boldsymbol{B} \boldsymbol{P}^e \mathrm{d}V \right]$$

$$= -\sum_e \left[\iint_{S_{sf}^e} \rho_0 \boldsymbol{N}_p \boldsymbol{n}_I^{\mathrm{T}} \boldsymbol{N}_\delta \ddot{\boldsymbol{\delta}}^e \mathrm{d}S \right] + \sum_e \left[\iint_{S_{ff}^e} \boldsymbol{N}_p \boldsymbol{n}_{II}^{\mathrm{T}} \boldsymbol{L} \boldsymbol{N}_P^{\mathrm{T}} \boldsymbol{P}^e \mathrm{d}S \right] \tag{2-113}$$

用矢量 $\boldsymbol{P}$ 表示流体区域 V_f（包括边界 S_{sf}、S_{ff}）的节点声压，同时用矢量 $\boldsymbol{\delta}$ 表示结构区域 V_s（包括边界 S_{sf}）的节点位移，最后写成下面的形式：

$$\left[\sum_e\left(\frac{1}{c^2}\iiint_{V_f^e}\boldsymbol{N}_p\boldsymbol{N}_p^{\mathrm{T}}\mathrm{d}V\right)\right]\ddot{\boldsymbol{P}}+\left[\sum_e\left(\iiint_{V_f^e}\boldsymbol{B}^{\mathrm{T}}\boldsymbol{B}\mathrm{d}V\right)\right]\boldsymbol{P}$$

$$=-\rho_0\sum_e\left(\iint_{S_{sf}^e}\boldsymbol{N}_p\boldsymbol{n}_I^{\mathrm{T}}\boldsymbol{N}_\delta\mathrm{d}S\right)\ddot{\boldsymbol{\delta}}+\boldsymbol{\Phi} \tag{2-114}$$

式中，

$$\boldsymbol{\Phi}=\sum_e\left(\iint_{S_{sf}^e}\boldsymbol{N}_p\boldsymbol{n}_{II}^{\mathrm{T}}\boldsymbol{L}\boldsymbol{N}_p^{\mathrm{T}}\boldsymbol{P}^e\mathrm{d}S\right) \tag{2-115}$$

定义流体单元的质量矩阵、刚度矩阵以及流固耦合的耦合矩阵分别如下：

$$\boldsymbol{M}_e^P=\frac{1}{c^2}\iiint_{V_f^e}\boldsymbol{N}_p\boldsymbol{N}_p^{\mathrm{T}}\mathrm{d}V$$

$$\boldsymbol{K}_e^P=\iiint_{V_f^e}\boldsymbol{B}^{\mathrm{T}}\boldsymbol{B}\mathrm{d}V \tag{2-116}$$

$$\boldsymbol{R}_e=\iint_{S_{sf}^e}\boldsymbol{N}_p\boldsymbol{n}_I^{\mathrm{T}}\boldsymbol{N}_\delta\mathrm{d}S$$

则式（2-116）中的求和运算就可理解为所有单元矩阵组装的过程。根据节点编号，将单元矩阵组装得到整体刚度矩阵 $\boldsymbol{K}^P$、质量矩阵 $\boldsymbol{M}^P$ 和耦合矩阵 $\boldsymbol{R}$。最终，声场有限元方程（不考虑阻尼吸声）可以写成

$$\boldsymbol{M}^P\ddot{\boldsymbol{P}}+\boldsymbol{K}^P\boldsymbol{P}+\rho_0\boldsymbol{R}\ddot{\boldsymbol{\delta}}=\boldsymbol{\Phi} \tag{2-117}$$

其中，式（2-117）右端的矢量 $\boldsymbol{\Phi}$ 表示作用在外部声场流体界面上的载荷。由于有限元方程离散化的特点，载荷矢量 $\boldsymbol{\Phi}$ 在作用的过程中需要等效地作用到对应的单元节点上。此外，考虑流体边界的阻尼吸声效果时，需在式（2-117）的基础上引入吸声项，得到

$$\boldsymbol{M}^P\ddot{\boldsymbol{P}}+\boldsymbol{C}_f\dot{\boldsymbol{P}}+\boldsymbol{K}^P\boldsymbol{P}+\rho_0\boldsymbol{R}\ddot{\boldsymbol{\delta}}=0 \tag{2-118}$$

式中，$\boldsymbol{C}_f$ 为吸声阻尼矩阵。

（2）结构有限元基本公式。

结构振动的有限元公式如下：

$$\boldsymbol{M}^S\ddot{\boldsymbol{\delta}}_{V_I}+\boldsymbol{K}^S\boldsymbol{\delta}_{V_I}=\boldsymbol{F}^m+\boldsymbol{F}^P \tag{2-119}$$

式中，$\boldsymbol{K}^S$、$\boldsymbol{M}^S$ 分别是结构的整体刚度矩阵、质量矩阵；$\boldsymbol{F}^m$ 是作用在结构上的外部激励等效节点载荷；$\boldsymbol{F}^P$ 是流体作用在结构上的等效节点载荷。结构单元的刚度矩阵和质量矩阵分别为

$$\begin{aligned} \boldsymbol{K}_e^S &= \iiint\limits_{V_{II}^e} \boldsymbol{B}_\delta^{\mathrm{T}} \boldsymbol{D} \boldsymbol{B}_\delta \mathrm{d}V \\ \boldsymbol{M}_e^S &= \rho_S \iiint\limits_{V_{II}^e} \boldsymbol{N}_\delta^{\mathrm{T}} \boldsymbol{N}_\delta \mathrm{d}V \end{aligned}$$

（2-120）

式中，ρ_S 是结构材料密度；$\boldsymbol{N}_\delta$ 是位移插值形函数矩阵；$\boldsymbol{D}$ 是描述弹性体应力应变关系的本构矩阵，有 $\sigma = \boldsymbol{D}\varepsilon$。对于空间三维问题，$\boldsymbol{D}$ 的矩阵元素是

$$\boldsymbol{D} = \frac{E(1-\mu)}{(1+\mu)(1-2\mu)} \begin{bmatrix} 1 & & & & & \\ \dfrac{\mu}{1-\mu} & 1 & & & & \\ \dfrac{\mu}{1-\mu} & \dfrac{\mu}{1-\mu} & 1 & & \text{对称} & \\ 0 & 0 & 0 & \dfrac{1-2\mu}{2(1-\mu)} & & \\ 0 & 0 & 0 & 0 & \dfrac{1-2\mu}{2(1-\mu)} & \\ 0 & 0 & 0 & 0 & 0 & \dfrac{1-2\mu}{2(1-\mu)} \end{bmatrix}$$

（2-121）

$\boldsymbol{B}_\delta$ 称为应变矩阵，此时应变可用节点位移和形函数表示成矩阵形式：

$$\varepsilon = \boldsymbol{B}_\delta \boldsymbol{\delta}^e = \begin{bmatrix} \boldsymbol{B}_1 & \boldsymbol{B}_2 & \cdots & \boldsymbol{B}_n \end{bmatrix} \boldsymbol{\delta}^e$$

（2-122）

式中，

$$\begin{aligned} \boldsymbol{B}_i &= \begin{bmatrix} \boldsymbol{B}_{i1} & \boldsymbol{B}_{i2} & \boldsymbol{B}_{i3} \end{bmatrix} \quad (i=1,2,\cdots,n) \\ \boldsymbol{B}_{i1} &= \begin{bmatrix} \partial N_i / \partial x & 0 & 0 & \partial N_i / \partial y & 0 & \partial N_i / \partial z \end{bmatrix}^{\mathrm{T}} \\ \boldsymbol{B}_{i2} &= \begin{bmatrix} 0 & \partial N_i / \partial y & 0 & \partial N_i / \partial x & \partial N_i / \partial z & 0 \end{bmatrix}^{\mathrm{T}} \\ \boldsymbol{B}_{i3} &= \begin{bmatrix} 0 & 0 & \partial N_i / \partial z & 0 & \partial N_i / \partial y & \partial N_i / \partial x \end{bmatrix}^{\mathrm{T}} \end{aligned}$$

（2-123）

由前文可知，流体对结构作用压力沿着界面的法线方向。当声压值为正时，该作用力可以写成

$$\boldsymbol{f}^p = p\boldsymbol{n}_I$$

（2-124）

将力矢量 $\boldsymbol{f}^p$ 和流固界面的法向矢量 $\boldsymbol{n}_I$ 分别写成矩阵形式，并用节点声压矢量和二维单元的形函数表示界面上单元内任意点的声压力，则式（2-124）写成矩阵形式：

$$\boldsymbol{f}^p = p\boldsymbol{n}_I = \boldsymbol{N}_P^{\mathrm{T}} \boldsymbol{P}^e \boldsymbol{n}_I$$

（2-125）

再将载荷 $\boldsymbol{f}^p$ 等效作用到节点上，得到

$$\begin{aligned}
\boldsymbol{f}_e^{p} &= (\boldsymbol{N}_\delta^{\mathrm{T}})_{3N^e \times 3}(\boldsymbol{f}^{p})_{3 \times 1} \\
&= (\boldsymbol{N}_\delta^{\mathrm{T}})_{3N^e \times 3}\left((\boldsymbol{N}_P^{\mathrm{T}})_{1 \times N^e}(\boldsymbol{P}^e)_{N^e \times 1}(\boldsymbol{n}_I)_{3 \times 1}\right) \\
&= (\boldsymbol{N}_\delta^{\mathrm{T}})_{3N^e \times 3}(\boldsymbol{n}_I)_{3 \times 1}(\boldsymbol{N}_P^{\mathrm{T}})_{1 \times N^e}(\boldsymbol{P}^e)_{N^e \times 1}
\end{aligned} \qquad (2\text{-}126)$$

通过用式（2-126）对单元面积分与求和，可得流体对固体总载荷：

$$\boldsymbol{F}^{p} = \sum_e\left(\iint_{S_{sf}^e} \boldsymbol{f}_e^{p}\mathrm{d}S\right) = \sum_e\left(\iint_{S_{sf}^e} \boldsymbol{N}_\delta^{\mathrm{T}}\boldsymbol{n}_I \boldsymbol{N}_P^{\mathrm{T}}\boldsymbol{P}^e \mathrm{d}S\right) \qquad (2\text{-}127)$$

利用所有流体节点的声压矢量 $\boldsymbol{P}$ 将式（2-141）写成

$$\boldsymbol{F}^{p} = \left(\sum_e \iint_{S_i^e} \boldsymbol{N}_\delta^{\mathrm{T}}\boldsymbol{n}_I \boldsymbol{N}_P^{\mathrm{T}}\mathrm{d}S\right)\boldsymbol{P} \qquad (2\text{-}128)$$

将式（2-128）与流固耦合矩阵（2-116）比较，有

$$\boldsymbol{F}^{p} = \boldsymbol{R}^{\mathrm{T}}\boldsymbol{P} \qquad (2\text{-}129)$$

最后代入结构有限元方程，得

$$\boldsymbol{M}^S \ddot{\boldsymbol{\delta}} + \boldsymbol{K}^S \boldsymbol{\delta} - \boldsymbol{R}^{\mathrm{T}}\boldsymbol{P} = \boldsymbol{F}^m \qquad (2\text{-}130)$$

结构有阻尼强迫振动的有限元矩阵方程为

$$\boldsymbol{M}^S \ddot{\boldsymbol{\delta}} + \boldsymbol{C}_S \dot{\boldsymbol{\delta}} + \boldsymbol{K}^S \boldsymbol{\delta} = \boldsymbol{F}_S \qquad (2\text{-}131)$$

考虑流体激励的结构振动矩阵方程为

$$\boldsymbol{M}^S \ddot{\boldsymbol{\delta}} + \boldsymbol{C}_S \dot{\boldsymbol{\delta}} + \boldsymbol{K}^S \boldsymbol{\delta} = \boldsymbol{F}_S + \boldsymbol{F}_f \qquad (2\text{-}132)$$

式中，$\boldsymbol{F}_f = \boldsymbol{R}^{\mathrm{T}}\boldsymbol{P}$。

（3）流固耦合有限元基本公式。

将式（2-118）、式（2-132）两式联立，可写成统一的矩阵方程：

$$\begin{bmatrix} \boldsymbol{M}_S & 0 \\ \rho_f \boldsymbol{R} & \boldsymbol{M}_f \end{bmatrix}\begin{bmatrix} \ddot{\boldsymbol{\delta}} \\ \ddot{\boldsymbol{P}} \end{bmatrix} + \begin{bmatrix} \boldsymbol{C}_S & 0 \\ 0 & \boldsymbol{C}_f \end{bmatrix}\begin{bmatrix} \dot{\boldsymbol{\delta}} \\ \dot{\boldsymbol{P}} \end{bmatrix} + \begin{bmatrix} \boldsymbol{K}_S & -\boldsymbol{R}^{\mathrm{T}} \\ 0 & \boldsymbol{K}_f \end{bmatrix}\begin{bmatrix} \boldsymbol{\delta} \\ \boldsymbol{P} \end{bmatrix} = \begin{bmatrix} \boldsymbol{F}_S \\ 0 \end{bmatrix} \qquad (2\text{-}133)$$

由式（2-133）即可求解结构所有节点位移和声场所有节点声压。在求解无界流场中的流固耦合问题时，只需将对应流体边界上的声边界阻尼设为全吸收，此时声波在此边界上将无反射，从而模拟无限大流场。

（4）基于有限元法的建模分析流程。

在对敷设隔声去耦覆盖层的结构进行中低频振动声辐射建模分析时，主要借

助有限元软件（如 ANSYS、ABAQUS 等）进行分析，分析流程如图 2-21 所示。

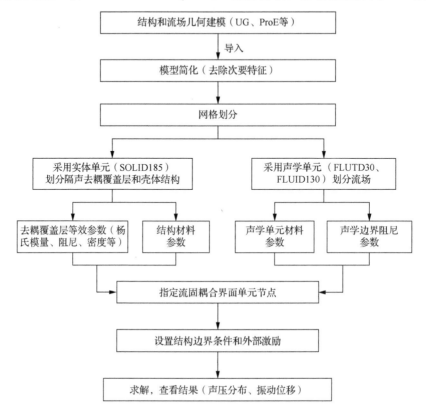

图 2-21　基于有限元法的建模分析流程

2. 中高频数值建模方法

1）统计能量分析基本原理

统计能量分析（statistical energy analysis，SEA）主要应用于中高频声振环境中的结构振动与声辐射预报[21]。20 世纪 80 年代以后，统计能量分析在理论和应用上都有了较大的进展，求解精度大幅提高。因此，统计能量分析也可用于水下结构敷设隔声去耦覆盖层的中高频动力学建模和声学特性研究。

统计能量分析在分析建模过程中，同样需要对系统进行离散，划分为若干子系统。各子系统之间具有能量相互流动的特点，当外部激励作用在某些子系统上时，振动能量会传递到各个子系统，最终使能量趋于平衡；根据能量守恒定律即可对每个子系统列出能量平衡方程，将所有子系统的平衡方程联立，可得到系统的高阶线性方程组。通过求解此方程组可得到各子系统的能量，进而由子系统能量得到各个子系统的振动参数，如位移、速度、加速度、声压等。

对于统计能量分析模型中的某子系统 i 而言，其在带宽 $\Delta\omega$ 内的平均损耗功率为

$$P_{id} = \omega \eta_i E_i \qquad (2\text{-}134)$$

式中，ω 为分析带宽 $\Delta \omega$ 内的中心频率；η_i 为结构损耗因子；E_i 为子系统的模态振动能量。

保守耦合系统中从子系统 i 传递到子系统 j 的单向功率流 P_{ij} 可表示为

$$P_{ij} = \omega \eta_{ij} E_i \qquad (2\text{-}135)$$

式中，η_{ij} 为从子系统 i 到子系统 j 的耦合损耗因子。

记 $\dot{E}_i = \mathrm{d}E_i / \mathrm{d}t$ 为子系统 i 的能量变化率，此时子系统 i 的功率流平衡方程可写成

$$P_{i,\mathrm{in}} = \dot{E}_i + P_{id} + \sum_{j=1, j\neq i}^{N} P_{ij} \qquad (2\text{-}136)$$

式中，$P_{i,\mathrm{in}}$ 为外界对子系统 i 的输入功率；P_{ij} 为子系统 i 流向子系统 j 的功率。

当稳态振动时 $\dot{E}_i = 0$，式（2-136）可变成

$$P_{i,\mathrm{in}} = \omega \eta_i E_i + \sum_{j=1, j\neq i}^{N} (\omega \eta_{ij} E_i - \omega \eta_{ji} E_j) = \omega \sum_{k=1}^{N} \eta_{ik} E_i - \omega \sum_{j=1, j\neq i}^{N} \eta_{ji} E_j \quad (i=1,2,\cdots,N) \qquad (2\text{-}137)$$

式（2-137）表明，当系统进行稳态强迫振动时，子系统 i 的输入功率一部分通过该子系统阻尼耗散，另一部分传输到相邻的子系统中，于是有

$$\sum_{j=1}^{N} L_{ij} E_j = \frac{P_{i,\mathrm{in}}}{\omega} \qquad (2\text{-}138)$$

写成矩阵形式：

$$\omega \boldsymbol{L} \boldsymbol{E} = \boldsymbol{P}_{\mathrm{in}} \qquad (2\text{-}139)$$

式中，$\boldsymbol{E} = \begin{bmatrix} E_1 \\ E_2 \\ \vdots \\ E_N \end{bmatrix}$ 为能量矩阵；$\boldsymbol{P}_{\mathrm{in}} = \begin{bmatrix} P_{1,\mathrm{in}} \\ P_{2,\mathrm{in}} \\ \vdots \\ P_{N,\mathrm{in}} \end{bmatrix}$ 为输入功率矩阵。

求得子系统的振动能量之后，结构的振动均方速度为

$$\langle v_i^2 \rangle = E_i / M_i \qquad (2\text{-}140)$$

式中，M_i 为子系统质量；E_i 为子系统结构的模态振动能量。

子系统的振动速度级为

$$L_v = 10 \lg \left(\langle v_i^2 \rangle / v_0^2 \right) \qquad (2\text{-}141)$$

对于声场子系统，其声压均方值为

$$\langle p_i^2 \rangle = E_i \rho C^2 / V_i \qquad (2\text{-}142)$$

声压级为

$$L_p = 10 \lg \left(\langle p_i^2 \rangle / p_0^2 \right) \qquad (2\text{-}143)$$

式中，$p_0 = 1 \times 10^{-6} \mathrm{N/m}^2$，为水介质中的参考声压。

2）统计能量模型建立基本过程

（1）统计能量分析的基本步骤。

统计能量分析应用于具体系统振动与声辐射的关键之处在于，根据相似模态原理将系统划分成若干具有明确能量流动和损耗的子系统。模态相似是指结构振型具有相似的动力学特性，即相似的阻尼、模态能量和损耗因子等。划分子系统时应考虑耦合系统的自然边界条件、动力学边界条件、材料介质特性等因素，同时还要结合实际情况、任务阶段要求和经验来综合考虑[22]。一般来说可以遵循以下几个原则和步骤：①根据实际工程问题的动力学特点、外界激励和边界条件，将系统划分为若干具有相似模态的子系统；②确定各个子系统之间的能量流动关系及相关计算参数；③建立系统分析的统计能量分析模型并求解得到各个子系统的振动能量；④根据子系统振动能量，求得子系统的均方速度或均方声压。

（2）统计能量分析建模示例。

下面以水下加筋圆柱壳的振动声辐射模型为例，对统计能量分析的建模步骤进行应用说明。图 2-22 展示了加筋圆柱壳的结构，根据结构的材料介质性质和结构几何形状，将模型分为以下三个主要部分：①圆柱结构。主要包括加筋圆柱壳的主体壳体结构，即耐压壳（外壳）和非耐压壳体（内壳）。②平板结构。主要包括耐压壳和非耐压壳之间的托板、激励作用的基座以及壳体端板。③流体介质。主要包括壳体内部空气介质、内外壳体之间的流体介质以及壳体外部无限空间的流体介质。

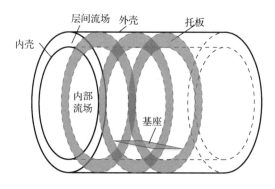

图 2-22　加筋圆柱壳结构示意图

对水下加筋圆柱壳结构的划分完成之后，在 AutoSEA 软件系统中建立统计能量分析模型。首先，由于内外壳体结构形式相同，因此分别将内外壳体按肋位划分成 10 个圆柱子系统。其次，将内壳环肋、端板、内外壳之间的托板、基座面板和腹板分别划分成平板子系统，其中端板按表面的型材分别划分成 16 个和 13 个平板子系统，每个托板单独划分成一个平板子系统。再次，将内壳内部封闭空间划分成一个声腔子系统，两壳之间的流体划分成一个声腔子系统，外壳外部划分一个半无限流体子系统，并设置声辐射观测点，用于观测此处的辐射声压。最后，水下加筋圆柱壳的统计能量分析模型的组成是 105 个平板子系统、20 个圆柱子系统、2 个声腔子系统和 1 个半无限流体子系统，如图 2-23 所示。

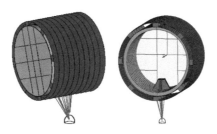

图 2-23　敷设隔声去耦覆盖层的加筋圆柱壳统计能量分析模型

（3）隔声去耦材料的表示。

隔声去耦覆盖层的去耦减振功能是通过材料的黏弹性来实现的。损耗因子 η 表示一个振动周期内的损耗能量与总能量之比，可用来表示材料的黏弹阻尼性能。利用 AutoSEA 软件建立统计能量分析模型时，不必建立隔声去耦覆盖层的具体模型，只需将去耦材料的属性看成内壳结构和端板子系统的属性，从而在系统统计能量分析模型的计算过程中考虑敷设去耦材料的影响。

（4）统计能量分析模型中子系统间的能量关系。

根据划分的子系统和内外部工况条件，最终可得水下加筋圆柱壳模型中各子系统间的能量传递关系，如图 2-24 所示。图中 P_i 表示船体内部激振力在基座处的输入功率，双向箭头表示各子系统间的能量流动是相互的。总体而言，内部激振力的能量将传递到壳体外部流体中。

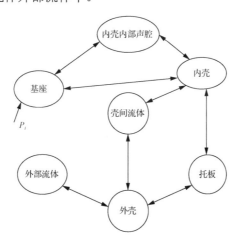

图 2-24　子系统间的能量传递关系

（5）基于统计能量分析的建模分析流程。

在对敷设的隔声去耦覆盖层进行中高频振动声辐射建模分析时，主要借助统计能量分析软件（如 AutoSEA 等）进行分析，分析流程如图 2-25 所示。

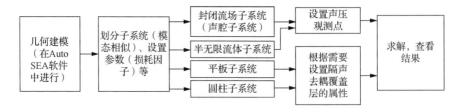

图 2-25　基于统计能量分析的建模分析流程

2.5.2　小样声学机理数值模型

隔声去耦覆盖层的空腔分布通常具有周期性，因此小样声学机理数值模型是指隔声去耦材料的一个周期单元的模型。对小样的建模和分析，主要用于对空腔的设计和模型参数的等效，为大样声学机理数值模型的建模和分析奠定基础。

1. 小样声学数值模型

隔声去耦覆盖层中的空腔具有明显的周期性，因此在分析结构材料参数对隔声去耦覆盖层的声学性能的影响时，只需取周期结构的一个周期单元作为分析对象，即小样隔声去耦覆盖层，如图 2-26 所示。

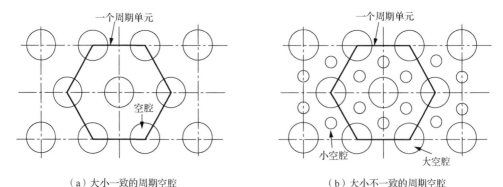

（a）大小一致的周期空腔　　　　　　　　　　（b）大小不一致的周期空腔

图 2-26　周期结构及周期单元

基于有限元法对小样结构进行声学建模，图 2-27 展示了圆柱型空腔隔声去耦覆盖层的一个周期单元的有限元模型。同时，得益于有限元法对复杂结构的建模适应性，容易对复杂空腔形状的隔声去耦覆盖层进行建模。图 2-28 展示了圆台型空腔、喇叭型空腔和喇叭过渡型空腔的有限元模型。

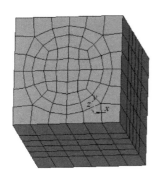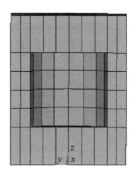

图 2-27　具有圆柱型空腔的隔声去耦覆盖层周期单元的有限元模型

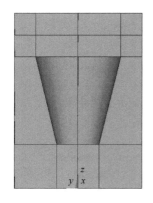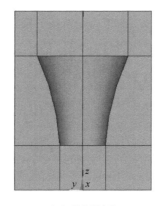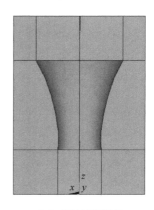

（a）圆台型空腔　　　　　　　　（b）喇叭型空腔　　　　　　　　（c）喇叭过渡型空腔

图 2-28　不同空腔形状的周期单元有限元模型

　　隔声去耦覆盖层的声学有限元模型主要包括结构单元和声场单元，其中结构单元选择 SOLID185 等，并设置相应的杨氏模量、密度、泊松比、阻尼等参数；声场单元则选择 FLUID130 等，并设置相应的材料密度、声速等参数。同时，在上下的流固耦合界面设置耦合条件。图 2-29 和图 2-30 分别展示了圆柱型空腔和喇叭型空腔的双层壳体模型的有限元模型（流体单元未显示）。

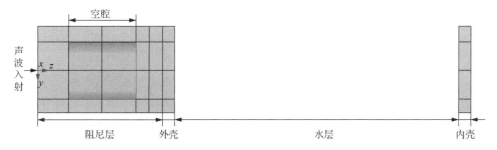

图 2-29　敷设圆柱型空腔隔声去耦材料的双层壳体模型

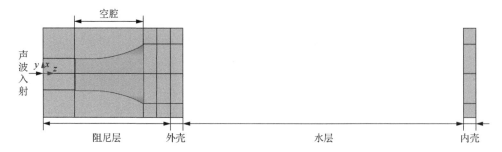

图 2-30 敷设喇叭型空腔隔声去耦材料的双层壳体模型

根据隔声去耦覆盖层的周期性，周期单元四周的边界条件取周期性条件，即由于周围相同的周期单元的抵消作用，质点振动速度的法向分量和位移为 0，即 $un=0$，因此可以约束周期单元四周节点沿法向的位移。

在隔声去耦覆盖层的声学模型求解过程中，在声波入射一侧的声场中添加平面声源激励，求解有限元方程，可得周期单元内部及边界上流体节点的声压和结构节点的位移。入射端的流体节点反射波声压可由总声压减去入射波声压得到。取入射端流体外边界上的单元节点，建立节点坐标与反射波声压关系的线性方程组，求解方程即可得到各阶平面波的反射系数。取透射端流体外边界上的单元节点，建立节点坐标与透射波声压关系的线性方程组，求解方程即可得到各阶平面波的透射系数。

2. 小样等效参数反演

对小样（隔声去耦覆盖层的周期单元）进行计算分析的目的除了研究声腔结构的声学性能，还为大样声学数值建模奠定基础。在研究敷设隔声去耦覆盖层对大型宏观结构声振特性的影响时，往往需要建立规模庞大的有限元数值模型。因此，为提高计算效率，通常将具有复杂声腔形状的隔声去耦覆盖层进行等效处理，简化成具有等效参数的均匀阻尼层。

具体等效的原理是以均匀阻尼层的等效参数作为求解参数，将均匀层不同等效参数对应的结构计算结果与实际隔声去耦覆盖层的计算结果进行匹配处理，找到与计算结果匹配最优的等效参数，将其作为均匀层的等效参数。具体实现方法见图 2-31 所示，均匀阻尼层等效参数的匹配反演过程主要分为结构振速预报与匹配反演两个部分。求解基于等效参数的均匀阻尼层结构振速，同时采用有限元建立敷设隔声去耦覆盖层的壳体水下声学模型并求解其结构振速，然后根据两种模型的计算结果进行匹配反演。考虑到数据的有效利用且数据量有限，可采用节点振速匹配搜索算法。定义节点振速总差异为目标函数，节点比差为其限定范围。在满足取得节点比差小于百分之一的情况下，目标函数极小值为最优解。当节点比差大于等于百分之一时，结合节点振速总差异图像，在有限元软件中扩大搜索范围或者细化搜索间隔，再次进行振动数据的获取。

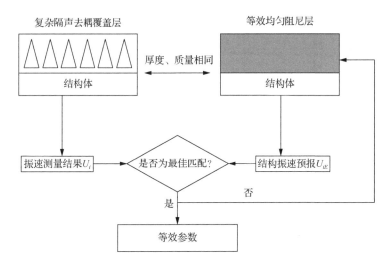

图 2-31 隔声去耦覆盖层等效参数反演流程图

对于频率 f，设反演模型与待反演模型的节点振速分别为 $\langle U_{iE}(f)\rangle$ 和 $\langle U_i(f)\rangle$，N 为节点数。定义节点振速总差异和节点比差分别为

$$E(f)=\left(\sum_{i=1}^{N}\left|10\lg\frac{\langle U_{iE}(f)^2\rangle}{\langle U_i(f)^2\rangle}\right|\right)/N \qquad (2\text{-}144)$$

$$D(f)=\left(\sum_{i=1}^{N}\left|\frac{\langle U_{iE}(f)^2-U_i(f)^2\rangle}{\langle U_i(f)^2\rangle}\right|\right)/N \qquad (2\text{-}145)$$

经过上述反演过程所得的节点振速总差异所对应的材料参数即等效材料参数。利用该等效材料参数，采用有限元软件获取模型的节点位移，从而进行宏观结构的声场预报。

2.5.3 大样声学机理数值模型

大样声学机理数值模型的建模过程随着研究对象越来越复杂（图 2-32），有限元模型的规模快速增加，计算效率成为瓶颈。因此，在自身计算模型较为复杂且计算量较大的前提条件下，如果仍然将隔声去耦覆盖层的空腔等形状进行精确建模，会造成大样声学机理数值模型的单元数量进一步攀升，进而需要消耗大量的硬件资源，导致计算效率极低。

图 2-32   基于有限元法的大样声学机理数值模型

因此，在利用有限元等数值方法研究敷设隔声去耦覆盖层的大型工程结构的声学性能时，往往将隔声去耦覆盖层的局部特征进行等效以减少计算规模，也就是将原本复杂的隔声去耦覆盖层的有限元模型简化为均匀阻尼层，如图 2-33 所示。这样即可在原有大型工程结构的基础上，将小样分析得到的等效参数施加到对应的结构上，从而模拟隔声去耦覆盖层的隔声、吸声和去耦等声学机理。

（a）隔声去耦覆盖层几何模型   （b）隔声去耦覆盖层等效模型

图 2-33   隔声去耦覆盖层等效模型

如前所述，小样等效参数反演的建模过程是将复杂隔声去耦覆盖层视为均匀层，建立敷设均匀阻尼层的平板模型，设定一组隔声去耦材料的初始搜索参数，将理论计算隔声去耦材料的振动与敷设复杂隔声去耦材料的模型实验测量结果进行比较。多次改变隔声去耦材料参数值使隔声去耦覆盖层振动的理论计算值与实验测量值达到最佳匹配，即复杂隔声去耦覆盖层的等效参数。大样声学机理数值模型同样可以利用该等效参数原理，建立敷设一层均匀阻尼层的大样声学机理分析模型，采用同样的结构振速预报与匹配反演即可获得敷设复杂隔声去耦覆盖层的大样声学机理分析的等效数值模型。

进行水下复杂结构噪声预报时，隔声去耦材料的声学参数与材料参数的可靠性将对预报精度产生很大影响。采用等效参数法建模的过程中，需要测量实际隔声去耦覆盖层与结构耦合后结构受激振动的振速，将测量结果与数值计算结果进行匹配处理。因此，结构位移计算结果的可靠性将直接影响等效参数的反演结果。其中，实际测试模型与所建立的数值模型的一致性将对反演精度起到决定性作用。以平板模型为例，通过对等效参数建模的计算结果进行对比，说明等效建模的有效性。平板模型的几何参数为 1000mm×450mm×5mm，两短边刚性固定、长边自由，板中心作用垂向脉冲载荷（$F=100N$，脉冲时间 $\Delta t=0.001s$）的情况，分别按实际结构采用精确建模方法的计算结果与采用等效建模方法的计算结果进行对比分析，采用精确建模方法建模时模型网格为 108165 个，采用等效建模方法建模时模型网格为 2124 个。计算结果如图 2-34 所示，可以看出两种建模方法得到的位移响应曲线几乎重合，说明等效建模方法准确有效。

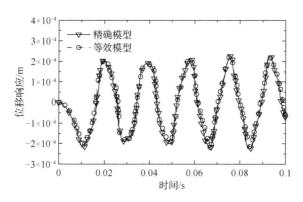

图 2-34　精确建模与等效建模方法位移响应结果对比

2.5.4　数值模型验证

隔声去耦覆盖层数值验证模型如图 2-35 所示，在该计算模型中，分别将空腔内部空气作为流体和真空予以考虑，附加水层的外表面为声波入射面，表面施加单位幅度的简谐压力。背衬的外表面取声压与质点振动速度的比值等于水的特征声阻抗，具体有限元建模过程可以参考 2.5.2 小节，在此不再赘述。

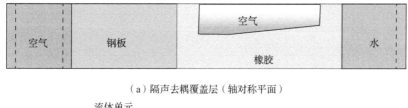

（a）隔声去耦覆盖层（轴对称平面）

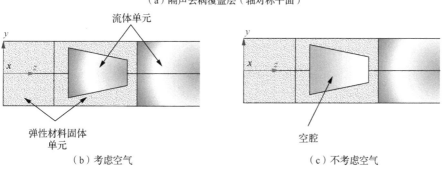

（b）考虑空气　　　　　　　　　　　　　　（c）不考虑空气

图 2-35　隔声去耦覆盖层小样数值验证模型示意图

隔声去耦覆盖层有限元模型［图 2-35（b）和图 2-35（c）］传递特性的预测结果如图 2-36 所示，从图中可以看出，空腔内空气的建模与否对隔声去耦覆盖层的性能几乎没有影响。因此为了计算效率和方便，隔声去耦覆盖层的有限元建模计算将不考虑空气。

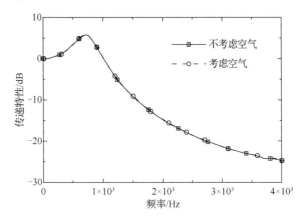

图 2-36　考虑空气流体和不考虑空气流体下的传递特性比较

　　下面在内部空腔有限元建模的研究基础上，进一步通过实验模型来验证有限建模的正确性。图 2-37 给出了隔声去耦覆盖层和裸钢板传递特性的有限元预测值与实验值。从图中可以看出，预测值与实验值的趋势相当一致，可以有效验证数值模型的正确性。此外还可以发现，预测值曲线比较光滑，而实验值存在一些振荡，计算与实验在数值上也比较接近，相差 5～10dB，隔声去耦覆盖层中间频段 1000～2600Hz 和裸钢板高频段 3000Hz 以上，相差在 3dB 左右，出现上述误差的主要原因是实验中声信号不稳和边界非完全吸收。

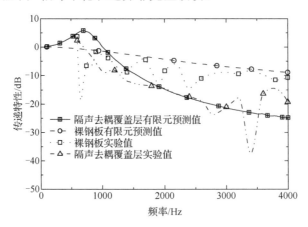

图 2-37　隔声去耦覆盖层与裸钢板传递特性的有限元预测值与实验值

参 考 文 献

[1] 王伟, 杨敏. 海上风电机组地基基础设计理论与工程应用[J]. 岩土力学, 2014, 35 (11): 3100.

[2] 朱蓓丽, 黄修长. 潜艇隐身关键技术: 声学覆盖层的设计[M]. 上海: 上海交通大学出版社, 2012.

[3] 邹志鸿. 敷设声学覆盖层的潜艇低频目标强度预报[D]. 武汉: 华中科技大学, 2018.

[4] 缪旭弘, 顾磊, 高兴华, 等. 基于分层媒质模型的声学性能仿真研究[J]. 计算机仿真, 2003, 20 (10): 74-76+80.

[5] 雷英杰, 张善文, 李续武, 等. MATLAB 遗传算法工具箱及应用[M]. 西安: 西安电子科技大学出版社, 2005.

[6] 程道周, 刘文武, 楼京俊, 等. 消声瓦的吸声机理研究[J]. 船海工程, 2007 (3): 101-104.

[7] 陶猛, 汤渭霖. Alberich 型吸声覆盖层的低频吸声机理分析[J]. 振动与冲击, 2011, 30 (1): 56-60.

[8] 王育人, 缪旭弘, 姜恒, 等. 水下吸声机理与吸声材料[J]. 力学进展, 2017, 47 (1): 92-121.

[9] 陶景桥. 新型潜艇隔声去耦瓦声学性能研究及改进[D]. 哈尔滨: 哈尔滨工程大学, 2005.

[10] 姚熊亮, 计方, 庞福振, 等. 隔声去耦瓦声学性能研究[C]//崔维成. 第十二届船舶水下噪声学术讨论会论文集. 无锡: 船舶力学学术委员会, 2009: 268-277.

[11] 缪旭弘, 王仁乾, 顾磊, 等. 去耦隔声层性能数值分析[J]. 船舶力学, 2005, 9 (5): 125-131.

[12] 姚熊亮, 张阿漫, 钱德进, 等. 去耦瓦敷设方式对双层壳声振动的影响[J]. 海军工程大学学报, 2008 (2): 33-37.

[13] 芮筱亭, 戎保. 多体系统传递矩阵法研究进展[J]. 力学进展, 2012, 42 (1): 4-17.

[14] 柳小维. 声学空腔结构吸声与隔声性能的数值模拟分析[D]. 武汉: 华中科技大学, 2019.

[15] 李鹏. 声学覆盖层声学特性与舰船结构降噪效果预报方法研究[D]. 哈尔滨: 哈尔滨工程大学, 2010.

[16] 刘文贺. 声学覆盖层结构声学及抗冲击性能研究[D]. 哈尔滨: 哈尔滨工程大学, 2007.

[17] 王仁乾, 马黎黎. 吸声材料的物理参数对消声瓦吸声性能的影响[J]. 哈尔滨工程大学学报, 2004 (3): 288-294.

[18] 王建军, 李其汉, 朱梓根, 等. 自由液面大晃动的流固耦合数值分析方法研究进展[J]. 力学季刊, 2001 (4): 447-454.

[19] 陈锡栋, 杨婕, 范细秋. 有限元法的发展现状及应用[J]. 中国制造业信息化, 2010, 39 (11): 6-8+12.

[20] 王曼. 水声吸声覆盖层理论与实验研究[D]. 哈尔滨: 哈尔滨工程大学, 2004.

[21] 钱德进, 缪旭弘, 庞福振, 等. 基于统计能量法的隔声瓦减振性能仿真研究[J]. 声学技术, 2015, 34 (3): 237-242.

[22] 周德武. 敷设隔声去耦材料加筋双层圆柱壳远场辐射噪声研究[D]. 哈尔滨: 哈尔滨工程大学, 2008.

第3章　隔声去耦覆盖层基体材料与声学结构

要想获得综合性能良好的隔声去耦覆盖层,除了掌握隔声去耦覆盖层的作用机理以外,还应当尽可能地掌握构成隔声去耦基体材料与声学结构的声学机理、性能以及研制的基本流程和方法,这样才能合理根据不同基体材料和声学结构的特性,对隔声去耦覆盖层进行定制化设计,使其满足具体的声学需求。为了使隔声去耦覆盖层的设计和制造满足相应的工程应用背景,本章将从隔声去耦作用机理、基体材料和声学结构三个方面进行系统性概述。

如绪论所言,吸声覆盖层侧重于吸声,隔声覆盖层侧重于隔声,阻尼覆盖层侧重于减振,去耦覆盖层侧重于去耦,不同类型的声学覆盖层,其声学机理、声学材料与结构以及工程应用场景都存在一定差异。由于各类声学覆盖层为了满足各自功能需求,采取与各自的声学结构匹配或与入射声传播介质特性阻抗匹配或失配的不同技术路线,对声学材料的材料参数要求各不相同,部分参数甚至相互矛盾,因此一种声学覆盖层一般难以同时发挥多种功能[1-4]。例如:阻尼覆盖层要求材料模量越高越理想;去耦隔声层要求材料与水介质失配、模量要低;吸声覆盖层要求表层材料与水介质阻抗匹配[3]。

为解决隔声去耦覆盖层多种声学功能与声学材料参数互为矛盾的问题,国内外已经对各种橡胶材料的基本声学性能进行了研究,结果表明:均匀单一声学材料的低频效果不理想,要想提高综合性能可采用多层结构以及在内部采用谐振声学结构。隔声去耦覆盖层通过多种不同属性材料的组合,并结合不同尺寸的空腔结构设计,从而实现多种声学功能的统一,典型结构示意图如图3-1所示[5]。不难发现,隔声去耦覆盖层优良的综合减振降噪性能直接取决于基体材料和声学结构的综合优化选取。因此,只有充分了解现有基体材料和声学结构,才能定制化设计出满足具体声学需求的隔声去耦覆盖层。下面将对声学覆盖层的基体材料与声学结构进行概述。

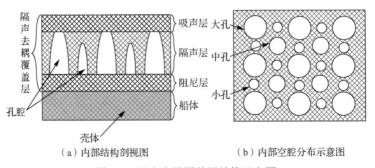

（a）内部结构剖视图　　　　（b）内部空腔分布示意图

图3-1　隔声去耦覆盖层结构示意图

3.1　隔声去耦覆盖层基体材料

隔声去耦覆盖层基体材料通常是黏弹性高分子材料，它不仅是隔声去耦覆盖层的重要组成部分，也是声学性能的关键影响因素。通过调节隔声去耦基体材料分子结构及其配合体系能够有效调节和控制隔声去耦覆盖层的声学特性，从而实现吸声、减振、隔声和去耦等一系列功能。隔声去耦覆盖层的基体材料设计主要包括主体材料、补强体系、硫化体系、防护体系、声学功能填料体系以及其他助剂体系等配合体系设计，详细的基体材料设计参考 4.1.1 小节。

对于隔声去耦覆盖层而言，其基本要求是在一定频率范围内具有良好的吸声性能，同时也要求隔声去耦覆盖层在其工程应用环境中具有稳定的声学性能。良好的吸声性能就需要增加材料对入射声能的损耗，而这又与阻抗匹配的要求相矛盾；稳定的声学性能要求隔声去耦覆盖层在不同环境下（温度、深度、腐蚀等）吸声系数和频带不会发生较大的改变，且具备良好的耐久性。因此，隔声去耦覆盖层需要具备良好的材料理化性能和声学性能，分别用材料性能参数和声学性能参数表示，其中理化性能参数主要包括拉伸强度（σ_s）、拉断伸长率（E_b）、硬度（H_A）、密度（ρ）、脆性温度（T）等。隔声去耦覆盖层动态力学性能的表征参数主要有储能模量（E'）、损耗模量（E''）、损耗因子（η_e）等。通过对现有隔声去耦覆盖层声学性能参数的研究，可以将其归结为反射系数、吸声系数、隔声量、透射系数、纵波声速和衰减系数等参数指标。

3.1.1　材料的理化性能参数

1. 物理机械性能参数

1）拉伸强度（σ_s）和拉断伸长率（E_b）

拉伸强度也叫抗拉强度，指的是隔声去耦覆盖层试件在拉伸过程中所受到的最大拉伸应力。根据试件最大拉伸载荷与试件初始横截面积的比值可以得到试件的拉伸强度。试件拉伸到断裂点时所受拉力的变化趋势如图 3-2 所示。

拉断伸长率指的是试件拉伸至断裂时的伸长率，用 E_b 表示。拉断伸长率可表示隔声

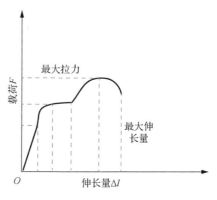

图 3-2　拉力变化趋势

去耦覆盖层承受最大负荷时的伸长变形能力，设试件初始长度为 l_0，拉断时的长度为 l_1，则试件拉断伸长率的表达公式为

$$E_b = \frac{l_1 - l_0}{l_0} \tag{3-1}$$

通常拉伸强度和拉断伸长率以拉力实验机作为测试装备，将试件安装在拉力实验机上，并保证各连接处可靠。启动拉力实验机后，记录下设备的拉力值，当试件被拉断时，记录最大伸长量。该测试可多次测量取平均值，拉力实验机和测量示意图如图 3-3 所示。

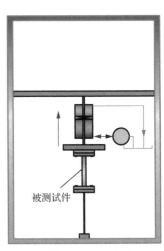

被测试件

　　（a）拉力实验机　　　　　　　　　　（b）拉伸测量示意图

图 3-3　拉力实验机及拉伸测量示意图

2）硬度

隔声去耦覆盖层局部抵抗硬物压入其表面的能力称为硬度（H_A）。固体对外界物体入侵的局部抵抗能力是比较各种材料软硬的指标。常用的硬度测量方法主要包括压入法和回跳法。压入法测量硬度的原理是用一定的载荷将规定的压头压入被测材料，根据材料表面局部塑性变形的程度确定被测材料的软硬，材料越硬，塑性变形越小，硬度值表示材料表面抵抗另一物体压入时所引起的塑性变形的能力。回跳法测量硬度是使用特制的小锤从一定高度自由下落冲击被测材料的试件，并以试件在冲击过程中储存应变能的多少确定材料的硬度，硬度值代表材料弹性变形能力的大小。两种具体的硬度测试方法示意图如图 3-4 所示。

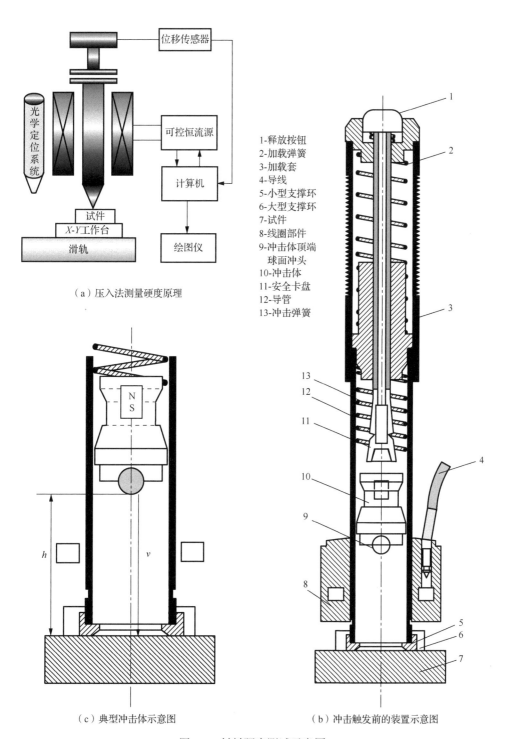

1-释放按钮
2-加载弹簧
3-加载套
4-导线
5-小型支撑环
6-大型支撑环
7-试件
8-线圈部件
9-冲击体顶端
　球面冲头
10-冲击体
11-安全卡盘
12-导管
13-冲击弹簧

（a）压入法测量硬度原理

（c）典型冲击体示意图

（b）冲击触发前的装置示意图

图 3-4　材料硬度测试示意图

3）密度

密度（ρ）是对特定体积内的质量的度量，密度等于物体的质量除以体积，国际单位制和中国法定计量单位中，密度的单位为 kg/m^3。

4）脆性温度

脆性温度（T）是指在规定条件下使一定数量的试件不产生破坏的最低温度，一般用摄氏温度表示。脆性温度可以评价结晶和变形等长期效应[6]。材料的脆性温度测量方法主要有：多试件法脆性温度、单试件法脆性温度、动态热机械性能分析、压缩耐寒系数、差示扫描量热仪分析[7]。

2. 动态力学性能参数

复杨氏模量 E：法向应力 σ_{xx} 和法向应变 ε_{xx} 的比值为复数的杨氏模量，为了更具体地描述复杨氏模量，可以定义为当圆柱体试件的平端面受均布应力而侧面保持自由时所施加应力（法向应力）与相对伸长量（法向应变）之比，法向应变相对于法向应力落后一个相位 δ，相应的表达式可以写成式（3-2）：

$$E = \frac{\sigma_{xx}}{\varepsilon_{xx}} = E' + jE'' = E'(1 + j\tan\delta) = E'(1 + j\eta_e) \tag{3-2}$$

式中，E' 和 E'' 是复杨氏模量的实部和虚部，分别代表储能模量和损耗模量；δ 表示材料的损耗角，单位是 rad；$\eta_e = \tan\delta$ 表示材料的损耗因子，取决于材料本身的常数，可以近似认为是一个与频率无关的参数。下面对储能模量、损耗模量和损耗因子进行详细阐述。

1）储能模量

储能模量（E'）又称杨氏模量，是指隔声去耦覆盖层发生变形时，由于弹性（可逆）形变而储存能量的大小，待外力撤去后可以返还给外界，可以反映隔声去耦覆盖层的弹性大小。

2）损耗模量

损耗模量（E''）是指黏弹性材料受到外界交变载荷时，材料会对外界激励产生响应，即分子链段运动。分子链段在运动过程中，分子链之间产生摩擦，在摩擦的过程中，一部分外界能量被吸收转化成热能。这部分热能为分子链的运动提供能量，在摩擦时被消耗掉，称为损耗模量。这个过程中吸收的外界能量越多，材料的损耗模量越大，否则，损耗模量越小。损耗模量越大表示材料的阻尼能力越强，由于其表征的是材料的黏性，因此又被称为黏性模量。

3）损耗因子

损耗因子（η_e）又称损耗正切，表示隔声去耦覆盖层在交变力场作用下应变与应力周期相位差的正切，也等于损耗模量与储能模量之比。

给弹性材料施加一个正（余）弦的应力，那么它会产生一个与应力同相位的正（余）弦应变。但是对于黏性材料而言，受到一个正（余）弦的应力作用后，会产生一个滞后时间为 $\pi/(2\omega)$ 的正（余）弦应变。对于黏弹性材料，在受到一个正（余）弦的应力后，它产生的正（余）弦应变响应若用相位来表示应变和应力的相位差，则应介于弹性材料和黏性材料之间，即 $0 < \delta < \pi/2$，应变滞后应力的时间就是 δ/ω[8]。在交变应力作用下，弹性材料内部产生的应力和应变会同时增大或减小，这说明两者之间相位差很小，所以弹性材料的应力应变曲线关系表现为直线，而黏弹性材料的应变会滞后于相位，黏弹性材料的应力应变曲线关系表现为椭圆形迟滞回线，如图 3-5 所示。

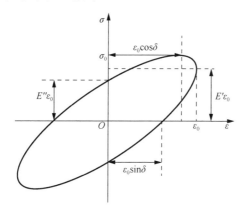

图 3-5　应力应变线性迟滞回线

图 3-5 中，椭圆形迟滞回线包围部分的面积表示黏弹性材料在阻尼振动时消耗的振动能量，储能模量 E' 的值在图中为最大应变时的应力与该应变幅值的比值，损耗模量 E'' 的值在图中为当应变为零时所对应的应力与最大应变的比值。当应变幅值较小时，应力应变的关系接近线性，所以应力应变迟滞回线能够呈现出很好的椭圆形；但是当应变幅值较大时，应力应变迟滞回线开始渐渐偏离椭圆形，变成不规则的形状，展现出黏弹性材料的非线性特性。由于应变幅值较大时应力应变迟滞回线与椭圆形相差较远，所以根据这种方法求得的储能模量 E' 值和损耗模量 E'' 值与实际值存在较大偏差，且应变幅值越大，所求得值的偏差越大，因此该方法只适用于求得应变幅值较小时的复模量值。在复模量的假设中，其弹性刚度和阻尼刚度都是线性的，不受应变幅值的影响，从以上线性黏弹性材料的理论和应力应变关系可以发现，当应变信号为固定频率时，其应力响应的信号频率也与应变信号一致[9]。

由于实验架构结构简单、物理意义明确，非共振法、经典共振法和弯曲共振法等测量方法被广泛应用于测量材料的动态力学性能参数。非共振法的原理图如

图 3-6（a）所示，试件一端固定，另一端由激振器激励，同时使用两个传感器对固定端的力 F^* 和激励端的位移 u^* 进行测试。经典共振法实验架构如图 3-6（b）所示，试件一端有负载质量，另一端被激振器激励，同时使用两个传感器对试件两端的位移 u_1^*、u_2^* 进行测试，其主要模型假设与非共振法一致，即试件长度远小于振动波长，那么试件可被等效为弹簧，与负载质量组成弹簧振子系统。弯曲共振法的实验架构如图 3-6（c）所示，试件的一端由非接触式激振器激励，同时使用非接触式传感器采集试件的振动信号。弯曲共振法的主要模型假设为试件横截面厚度远小于振动波长，那么可以忽略剪切变形和转动惯量的影响[10]。

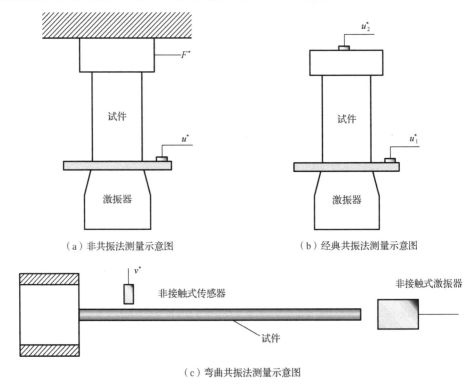

（a）非共振法测量示意图　　　　　　（b）经典共振法测量示意图

（c）弯曲共振法测量示意图

图 3-6　材料动态力学性能参数测量原理图

3.1.2　材料的声学性能参数

　　隔声去耦覆盖层的声学性能需要通过声学性能参数进行定性描述，声学性能参数主要包括吸声系数、反射系数、透射系数、隔声量、纵波声速和衰减系数等。

1. 吸声系数与反射系数

　　吸声系数用来描述隔声去耦覆盖层吸声能力的大小，反射系数用来描述隔声去耦覆盖层反射声能能力的大小，分别采用符号 α 和 r 表示吸声系数和反射系数[11]。吸声系数 α 是指隔声去耦覆盖层吸收的声能（含透射声能）与入射到隔声去耦覆盖层总体声能的比值，根据上述定义可以写成数学表达形式，如下所示：

$$\alpha = \frac{E_a + E_t}{E} = \frac{E - E_r}{E} = 1 - r, \quad r = \frac{E_r}{E} \tag{3-3}$$

式中，E 表示入射到隔声去耦覆盖层的总体声能（J）；E_a 表示隔声去耦覆盖层吸收的声能（J）；E_t 表示透过隔声去耦覆盖层的声能（J）；E_r 表示隔声去耦覆盖层反射的声能（J）。由式（3-3）可知，不同类型的隔声去耦覆盖层具备不同的吸声能力。此外还可以看出，当 $\alpha = 0$ 时 $r = 1$，表示入射声能全反射，隔声去耦覆盖层完全不吸收声能，隔声性能极好；当 $\alpha = 1$ 时 $r = 0$，表示入射声能被隔声去耦覆盖层完全吸收，不发生反射现象。上述两种情况都是一种理想状态，现实中隔声去耦覆盖层的吸声系数 α 通常在 0 和 1 之间，吸声系数 α 越大意味着隔声去耦覆盖层的吸声能力越大[11]。

吸声系数的大小除了取决于隔声去耦覆盖层自身的性能以外，对于同一种特定的隔声去耦覆盖层来说，其吸声系数还与入射声波的频率和入射方向有关。隔声去耦覆盖层的吸声系数与入射声波频率呈函数关系，吸声系数随着频率的变化而发生变化。在实际工程应用中，为了便于表示隔声去耦覆盖层的吸声系数，通常采用 125Hz、250Hz、500Hz、1000Hz、2000Hz、4000Hz 六种倍频程中心频率下吸声系数或者它们的算术平均值来表征某种隔声去耦覆盖层的平均吸声系数 $\bar{\alpha}$[12]。

2. 透射系数

当声波入射到隔声去耦覆盖层表面时，入射声能的一部分被材料表面反射回去，另一部分进入材料继续传播。进入声学材料内的声能，一部分由于材料的内部阻尼耗散而被吸收，另一部分穿过材料进入另一侧的空气中继续传播[13]。隔声去耦覆盖层的透声能力一般采用透射系数 τ 进行描述，具体表达式如下所示：

$$\tau = \frac{E_t}{E_i} = \frac{I_t}{I_i} \tag{3-4}$$

式中，E_i 表示入射声能；I_i 表示入射声强；I_t 表示透射声强。透射系数 τ 表示隔声材料透声能力的大小，该值的取值范围介于 0~1 之间，取值越小，说明隔声去耦覆盖层的透声能力越差。

3. 隔声量

隔声量是描述隔声去耦覆盖层隔声性能的基本参数，一般用 TL 表示。基于上述透射系数的定义，给出隔声量的表达式：

$$TL = 10\lg\frac{1}{\tau} \tag{3-5}$$

式中，隔声量 TL 表示隔声材料本身的隔声能力，该参数与材料的结构形式有关，与所处的环境无关。TL 取值越大，表示隔声去耦覆盖层的隔声性能越好，隔声量的单位是 dB。另外，隔声量 TL 与入射声波的频率有关，且遵循质量定律原则，即隔声量与隔声去耦覆盖层的面密度成正比，面密度越大，隔声量越大。

同一种隔声去耦覆盖层对不同频率的声波，隔声量往往也不同。与吸声系数一样，工程中常用材料在 125Hz、250Hz、500Hz、1000Hz、2000Hz、4000Hz

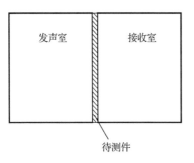

这 6 种倍频程中心频率下的隔声量来表示材料的隔声性能，有时也用这 6 个隔声量的算术平均值来表示材料的隔声性能。目前最常用的测量材料隔声量的方法是混响室法，其测量原理如图 3-7 所示。它是将面积约为 10m^2 的待测件放在两个相邻混响室隔墙的中间，然后通过测量两个混响室的声压级来确定材料的隔声量。阻抗管法测量声学材料的隔声量，目前还没有形成统一的国家标准。

图 3-7　混响室法测量隔声量原理图

4. 纵波声速与衰减系数

纵波声速表示纵波在声学材料中的传播速度，衰减系数表示纵波在声学材料中传播单位长度内声压幅值衰减的奈培数，单位为 Np/m，可采用插入取代法测量。如图 3-8 所示，在测试水槽中，将试件放在发射换能器与接收换能器之间平面声波束路径上，令其取代相同长度的水，借助试件插入前后声脉冲信号传播时间和幅度的变化测得材料的声速和声衰减系数。

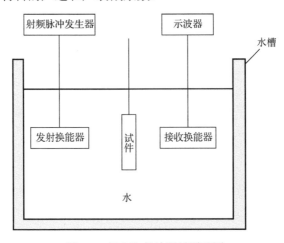

图 3-8　插入取代法测量原理图

3.2　隔声去耦覆盖层声学结构

隔声去耦覆盖层的结构形式可以概括为以下几种：①使用高阻尼弹性体和内部浸透黏弹性流体材料，其作用机理是增加入射声波在隔声去耦覆盖层传播过程中的声能耗散效率（声能转化为热能的效率）；②在隔声去耦覆盖层内部布置谐振吸声结构，其作用机理是将入射声波中的纵波尽可能向剪切波转化并耗散；③在隔声去耦覆盖层内部引入空腔和硬度较大的散射体，其作用机理是增加入射声波在隔声去耦覆盖层中的散射，从而加剧声能的耗散；④在隔声去耦覆盖层内部采用多层材料并引入阻抗过渡型结构，其作用机理通过分层材料的渐变阻抗将入射到隔声去耦覆盖层内部的声波逐层吸收。

由上所述，隔声去耦覆盖层被视为一种非均匀黏弹性多层声学结构，由黏弹性高分子材料构成，内部具有不规则的空腔结构，结构示意图如图 3-9 所示，其中 l_1、l_2 和 l_3 分别表示吸声层、隔声层和阻尼层的厚度。隔声去耦覆盖层的内部空腔结构主要分布在隔声层中，包含三种不同尺寸，且空腔是均匀分布的。空腔的截面积沿隔声层厚度方向均匀变化，且两端空腔的直径分别是 d_1 和 d_2。本节将对覆盖层中经典的声学结构进行概述，包括阻抗渐变型结构、水下谐振型结构和局域共振声子晶体结构。

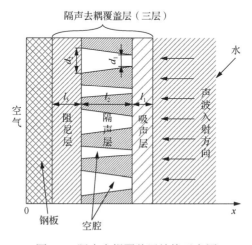

图 3-9　隔声去耦覆盖层结构示意图

3.2.1　阻抗渐变型结构

阻抗渐变型结构采用多层梯度或者连续渐变阻抗结构形式，使入射声波在结构内部传播时不发生反射而被逐渐吸收[14]。分层结构是阻抗渐变型结构的主要形式，分层结构实现阻抗渐变的方式是将材料或者结构进行分层，每一层的声阻抗均有所不同，沿材料或者结构厚度方向呈梯度变化，如图 3-10（a）所示。材料或者结构表层的特性阻抗与水相匹配，使声波容易进入结构内部。随着声波进入材料或者结构内部的深度越深，遇到的分层声阻抗特性越大，直到所有的声波能量被吸收完毕。此外，通过调节各层之间的阻抗匹配程度和厚度比例，还可以实现对不同频段入射声波的吸收并解决分层界面处出现的反射峰。尖劈结构是阻抗渐变型结构的另一种形式，又叫作阻抗过渡层结构[15,16]，如图 3-10（b）所示。吸声尖劈实现阻抗渐变的形式是当声波达到尖劈的介质临界面时，吸声尖劈的声阻抗与水介质基本相同，反射回波很小，当声波继续在吸声尖劈内传播时，吸声尖劈的声阻抗逐步变化，声波在材料内部连续发生弱反射、多重反射，使声波在吸声尖劈中的传播路径增长，等效于材料的厚度增加，从而达到低反射、高吸声的效果。

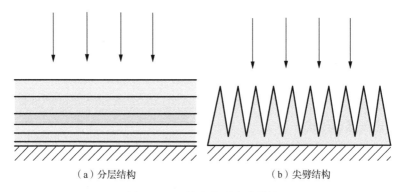

（a）分层结构　　　　　　　　　　　　（b）尖劈结构

图 3-10　阻抗渐变型声学结构

3.2.2　水下谐振型结构

　　水下谐振型结构的工作机理是利用大尺度空腔在宽域频率上产生谐振现象，并增加其对低频声波的有效吸收[17,18]。图 3-11 为水下谐振型结构示意图，图中的大孔和小孔是指直径不同的圆柱型空腔，圆柱大空型腔是主要的谐振系统，其高度一般小于圆柱型空腔的直径[1]。当声波入射到空腔内时，该空腔会产生两种振动模式，分别是径向振动和弯曲振动，这两种振动模式的耦合作用使该谐振结构具有一定宽度频带的吸声特性，带宽主要取决于空腔的形状和尺寸，尤其是针对低频声波的吸声，并且谐振频率与空腔尺度呈反比例关系。然而小圆柱孔的直径很小，其谐振频率很高，主要作用是降低杨氏模量，增大损耗因子。因此，为了增加空腔对低频声波的吸收，通常可以通过增加空腔的结构尺寸来实现。

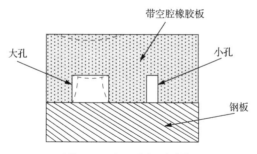

图 3-11　水下谐振型结构

另外，水下谐振型结构通常不是单层结构，而是多层结构，且空腔在每一层的大小和分布都不相同，这样做的目的主要是拓宽有效吸收声波频域的带宽。空腔形状种类繁多，如图 3-12 所示，包括圆柱形、圆台形等，且相邻两层的空腔形状和放置位置要尽可能不同。谐振型结构的分层原则依据是将阻抗匹配和谐振频率错开，设计该结构时，应当保证接近钢板处的谐振频率最低。

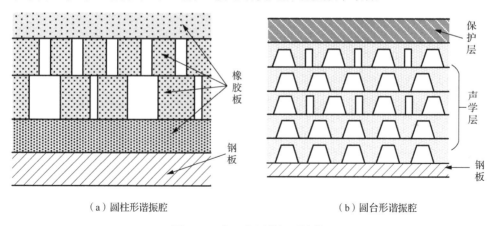

（a）圆柱形谐振腔　　　　　　　　　　　　　（b）圆台形谐振腔

图 3-12　水下多层谐振型结构

水下谐振结构不仅具有吸声性能，同时该结构也具有隔声性能和减振性能，并且声波能量在传播过程中不仅会被空腔谐振吸收，也会被材料吸收，主要通过材料自身的黏滞、热传导、弛豫等吸收方式，当声波入射到空腔结构内部时，会引起声波的散射，进一步削弱反射波的能量。因此，该结构在吸声覆盖层、隔声覆盖层等声学覆盖层中得到广泛应用。但是，该结构还存在一个缺陷，那就是当该结构处于高静水压力的环境时，空腔结构会发生变形，使共振频率和反共振频率向高频移动，吸声性能下降。

3.2.3　局域共振声子晶体结构

声子晶体是在半导体材料和光子晶体的基础上发展而来的一种新型声学超结

构，其内部通常分布着规则排列的单元，这些单元的弹性常数、质量密度等参数都呈周期性变化，因此声子晶体结构具有类似的周期性结构特征。局域共振声子晶体结构是在声子晶体的研究中发现的新型人工周期结构[19]。对于局域共振声子晶体结构来讲，在特定频率的弹性波激励下，当激励频率与结构共振频率接近时，晶体的各个散射体会产生共振，并与弹性波产生相互作用，从而抑制弹性波的传播并产生局域共振带隙。这种局域共振带隙的产生取决于散射体本身的共振特性，其带隙频率与单个散射体固有的振动有关，与散射体的排列形式无关。这就打破了布拉格散射型声子晶体在获得声波带隙时对尺度的要求，很容易以较小尺度实现对长声波的控制。

局域共振声子晶体结构示意图如图 3-13（a）所示[20]，其晶胞单元由硬环氧树脂基体、软硅橡胶层和硬质铅球三层结构组成。由于局域共振声子晶体结构的基体材料和包覆层材料通常由高分子材料构成，它们往往具备良好的黏弹性，当该类材料产生带隙时，会表现出对声波的强吸收效应。但是局域共振声学晶体产生的带隙宽度较窄，如图 3-13（b）所示，无法满足水下宽频的吸声要求。虽然通过调节材料组分和共振单元的几何结构可以拓宽带隙的宽度，但是带隙拓宽的效果并不明显。从局域共振声子晶体结构的吸声机制角度考虑，在宽频范围内产生更多不同的共振模式可以满足宽频带吸收要求，即在一个晶格单元内部引入更多的共振子，通过共振子的相互作用产生新的共振形式，进而达到拓宽水下吸声频带的要求。

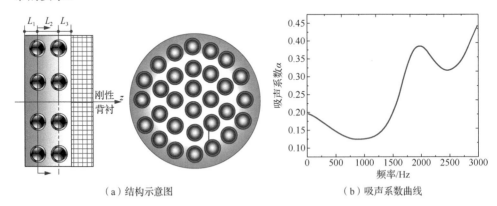

（a）结构示意图   （b）吸声系数曲线

图 3-13　局域共振声子晶体结构示意图与吸声系数曲线

参 考 文 献

[1] 陶猛，汤渭霖. Alberich 型吸声覆盖层的低频吸声机理分析[J]. 振动与冲击，2011，30（1）：56-60.

[2] 何世平，刘桂峰，金广文. 水下结构去耦覆盖层的动力吸振器效应研究[J]. 振动工程学报，2014，27（2）：208-214.

[3] 陶猛. 隔声覆盖层声学特性的若干问题研究[D]. 上海：上海交通大学，2011.

[4] 白国锋. 水下消声覆盖层吸声机理研究[D]. 哈尔滨：哈尔滨工程大学，2003.

[5] 刘文贺. 声学覆盖层结构声学及抗冲击性能研究[D]. 哈尔滨：哈尔滨工程大学，2007.

[6] 涂学忠. 脆性温度试验机[J]. 橡胶工业，1995（2）：124.

[7] 陈平. 减振橡胶制品耐低温性能研究[D]. 北京：北京化工大学，2012.

[8] 杨挺青. 粘弹性力学[M]. 武汉：华中理工大学出版社，1990.

[9] 李源. 直升机旋翼粘弹减摆器动力学建模与分析[D]. 南京：南京航空航天大学，2014.

[10] 屈忠鹏. 材料复模量测试的误差机理及控制方法研究[D]. 西安：西北工业大学，2018.

[11] 任连海. 环境物理性污染控制工程[M]. 北京：化学工业出版社，2008.

[12] 李显良. 磷石膏基吸声材料的制备与性能研究[D]. 武汉：武汉理工大学，2016.

[13] 董明磊. 声学材料隔声量测量系统的研究[D]. 上海：上海交通大学，2008.

[14] 赵宏杰，宫元勋，邢孟达，等. 结构吸波材料多层阻抗渐变设计及应用[J]. 宇航材料工艺，2015，45（4）：19-22+34.

[15] 姚熊亮，计方，庞福振，等. 聚氨酯空腔尖劈吸声性能实验研究[J]. 振动与冲击，2010，29（1）：88-93+239.

[16] 庞福振，姚熊亮，贾地，等. 吸声尖劈对板柱组合结构水下声学特性影响的试验研究[J]. 船舶力学，2011，15（5）：570-576.

[17] 罗忠，朱锡，林志驼，等. 水下吸声覆盖层结构及吸声机理研究进展[J]. 舰船科学技术，2009，31（8）：23-30.

[18] 李静茹，张焱冰. 二维谐振型吸声覆盖层孔腔形状优化设计[C]//颜开，吕世金. 第十七届船舶水下噪声学术讨论会论文集. 无锡：《船舶力学》编辑部，2019：8.

[19] 王育人，缪旭弘，姜恒，等. 水下吸声机理与吸声材料[J]. 力学进展，2017，47（1）：92-121.

[20] ZHAO H G, WEN J H, YAMG H B, et al. Backing effects on the underwater acoustic absorption of a viscoelastic slab with locally resonant scatterers[J]. Applied Acoustics, 2014, 76: 48-51.

第4章 隔声去耦覆盖层设计

通过隔声去耦覆盖层声学机理及模型以及基体材料与结构的介绍可知，其声学性能参数受基体材料、声学结构、水压、背衬、声波入射方向等多种因素影响，只有综合考虑上述各因素，才能设计开发出综合性能良好的隔声去耦覆盖层。本章主要结合典型隔声去耦覆盖层计算和测试结果，从设计流程、材料及结构参数设计、静水压力对隔声去耦覆盖层的影响、背衬对隔声去耦覆盖层的影响、隔声去耦覆盖层抗冲击性能等方面进行系统性介绍，对这些因素的影响进行分析，揭示其影响规律，深化对隔声去耦覆盖层声学机理的直观认识，为隔声去耦覆盖层设计开发、选型等提供支撑。

4.1 设 计 流 程

通过 3.2 节可知，隔声去耦覆盖层的研制涉及化学、物理学、水声学、材料学等众多学科，具有较大的难度。隔声去耦覆盖层研制的基本流程主要包括基体材料设计、结构设计、工艺设计、性能测试与表征等方面。

4.1.1 基体材料设计

目前，隔声去耦覆盖层常用的基体材料是橡胶材料和聚氨酯材料。其中，橡胶材料具有优异的物理性能和化学性能，其特性声阻抗与海水介质的特性声阻抗接近，通过选择不同的胶种和配合体系还可以有效调节其声学性能以及其他性能，发挥吸声、隔声和去耦等作用，因此广泛应用于水声工程。橡胶材料的典型代表是合成橡胶，是利用配合剂和添加剂将不同种类的橡胶组合而成的，可以根据具体工况和声学要求进行设计，使其具有良好的物理性能、化学性能、高黏弹特性和优异的阻尼特性等一系列优点。目前，合成橡胶材料主要有丁基橡胶、丁腈橡胶、丁苯橡胶和氯丁橡胶[1-2]。聚氨酯是一种由新型聚合物组成的声学材料[3]，聚氨酯材料分子的主链是由软链段和硬链段交替组成，且分子链间具有很强的交联作用。调节软链段和硬链段在聚氨酯材料分子主链中的比例会使其在较大温度范围内具有较高的阻尼特性，与此同时分子链中存在大量的氢键也会使该类材料具有较高的阻尼损耗因子。聚氨酯材料中的软链段可选取聚己二酸二乙二醇

（PDEA）、聚己二酸乙二醇（PEAG）和聚环氧丙烷二醇（PPG）等材料，而硬链段可选取二元胺、三元醇、二异氰酸酯等材料。另外，材料主链中软链段越多意味着聚氨酯材料的吸声性能越好，并且聚氨酯材料的分子主链可以根据不同的需求进行软硬链段的设计，因此其物理机械性能优异，声学可设计性强、易于改性，具有良好的发展前景。目前，聚氨酯类基体材料主要有聚醚型聚氨酯和聚酯型聚氨酯。

除了上述所说的以橡胶材料和聚氨酯材料为基体材料外，还包含补强填料体系、硫化体系、声学功能填料体系以及其他助剂体系等配合体系，由此构成了完整的隔声去耦覆盖层的基体材料。配合体系对隔声去耦覆盖层的综合性能发挥着重要的作用，能够赋予基体材料优异的力学强度及声学特性，满足实际应用环境对材料功能的需求[4]。补强填料体系是隔声去耦基体材料的重要组成部分，其主要作用是提高基体材料的杨氏模量，降低蠕变。填料的粒度越小，补强效果越好，模量也越高。在众多补强填料中，炭黑具有很好的补强作用，可与橡胶大分子形成结合胶，是橡胶材料常用的补强填料，除了赋予材料力学强度和延长材料的使用寿命外，还赋予橡胶材料一些特殊的性能，如耐磨性、耐撕裂、耐热、耐寒、耐油以及着色性等。除炭黑外，白炭黑也是使用较多的补强填料。为了防止橡胶老化，在材料的配方中经常加入防老剂和紫外线吸收剂等，来提高材料对高温、氧化和紫外线等环境的适应能力。此外，不同类别橡胶材料的老化性能也不一样，对某一种橡胶可能有效的防老剂对另外一种橡胶可能无效，甚至有害，因此在使用时必须了解防老剂的性能。

硫化体系是影响材料性能的重要因素，不同硫化体系主要影响橡胶材料的硫化条件、交联度等，从而影响材料的物理机械性、动态力学性能和声学性能。因此，硫化体系的选择也是隔声去耦覆盖层基体材料设计的主要内容之一。硫化体系由硫化剂、促进剂、活性剂和防焦剂等构成。选择硫化体系的原则是能够赋予混炼胶和硫化胶稳定、良好的理化性能、力学强度和工艺性，为此必须了解硫化体系对混炼胶和硫化胶各种性能的影响以及硫化体系与工艺性能之间的关系。

声学功能填料是隔声去耦基体材料的重要组成部分，能够在较大范围内调控高分子基体材料的动态力学性能和声学性能，还能拓宽损耗峰的宽度，降低材料对温度的依赖性。隔声去耦基体材料常用的声学功能填料有玻璃微珠、沥青粉、石墨粉、塑料膨胀球、鳞片锌、云母粉、玻璃纤维、蛭石粉、软木粉和硅酸盐类等。声学功能填料对声学性能的影响有以下两种机理：①加入含气泡性的填料可以调整材料的声阻抗，从而调整材料的声学性能；②在胶料中加入片层或含气泡性的填料，可以提高材料剪切变形和体积压缩变形的损耗能力，当声波入射时，基体材料发生剪切和压缩变形，将声能转化为热量耗散掉，提高吸声或隔声能力。

综合考虑隔声去耦覆盖层的使用环境、性能要求，隔声层材料的基本要求是基体材料的特性声阻抗与海水介质的特性声阻抗严重失配且衰减常数尽可能小。由于常压下空气的密度和声速均远远小于海水的密度和声速，因此富含空气的泡沫材料往往被用于低压液体环境中作为理想的隔声层材料，属于一种轻型的低阻抗失配材料。高压下则采用增强的硬质高分子泡沫材料，如聚苯乙烯泡沫、聚氨酯泡沫、环氧树脂泡沫等，既有较好的反声性能，同时兼顾了耐压性。

吸声层材料的基本要求是具有较高的内耗，使声波在材料内能够很快损耗并转换成热能而衰减。橡胶材料在相同的频率和温度下，纵波声速差异较小，而纵波衰减常数则根据分子结构的不同而表现出较大的差异，通常可选取纵波衰减常数较大的基体材料，如丁基、丁腈、丁苯以及聚氨酯等。

此外，隔声去耦覆盖层中的阻尼层材料的基本要求是，基体材料的玻璃化转变温度要高，使阻尼峰出现在应用的温度范围内，从而取得最佳的减振效果。考虑到阻尼层与隔声层复合时的配套性，阻尼层的基体材料与隔声层的基体材料相容性要好。一般来说，混炼型聚氨酯橡胶可设计性强，能够根据需求调节材料的玻璃化转变温度，因此大多选择混炼型聚氨酯材料作为阻尼层的基体材料。在阻尼层材料选择方面，常用云母作为提高阻尼层性能的填料，在硫化体系方面，常用的是硫磺硫化体系。

4.1.2　结构设计

在隔声去耦覆盖层的结构设计过程中，首先根据应用环境选择声学材料的外型结构。一般而言，针对舰船舷外区域以及狭窄应用空间的使用环境，通常选择平板型外型结构；对于安装空间充足、材料不受水流冲刷的应用环境，可选择宽频性能优异的尖劈型外型结构。

对于水下应用的隔声去耦覆盖层，压力下声学性能和压缩变形量是隔声去耦覆盖层设计最为关键的性能指标。因此，隔声去耦覆盖层设计的主要目标是提升材料抗压变形能力，以及通过内部空腔结构设计实现声学性能的优化和提升。隔声去耦覆盖层压力下声学性能和压缩变形量的计算可采用解析方法或数值分析方法。对于均质的隔声去耦覆盖层而言，采用解析方法可快速计算出结构在水压下的变形量。但随着隔声去耦覆盖层对声学性能的要求不断提升，以及一系列复杂不规则空腔结构形式的逐步应用，隔声去耦覆盖层的声学性能和压缩变形量的计算难度越来越大。

一些商用有限元软件功能的日益强大和普遍应用，对高分子水声功能材料非线性静态特性的计算具有较大的促进作用。在隔声去耦覆盖层的有限元计算中，不同背衬特性（声阻抗、杨氏模量等）会影响声波在隔声去耦覆盖层中的传播，因此必须把流体层、吸声材料层、背衬层作为一个整体结构来分析，才能较为准确地获得隔声去耦覆盖层的吸声性能。此外，如果将含有声学空腔的隔声去耦覆盖层作为一个整体来分析，其吸声性能的计算分析相当复杂，计算量也相当大。因此为简化分析及计算，根据隔声去耦覆盖层内部的空腔呈周期性排列的特点，采用小样声学机理数值模型也就是隔声去耦覆盖层单元的一个周期的声学性能分析来实现整个结构声学材料性能分析，这在第 2 章已经进行了详细的阐述。

计算隔声去耦覆盖层在中低频段和中高频段内的声学性能，在有限元软件和统计能量软件中可根据实际所需的计算频段对计算频率范围和计算频点进行定义。通常情况下，计算频点可设置为等间距点或 1/3 倍频程点等，或根据特殊需求加入其他关注频点。在求解完成后，通过对计算结果进行二次处理，并结合前述定义的声学参数定义，绘制相应的声学性能曲线。同时，在后处理过程中，可观察隔声去耦覆盖层在不同计算频点处的声压分布情况及声激励下材料各部分的应力应变分布情况，有助于对隔声去耦覆盖层作用机制进行分析。

4.1.3　工艺设计

完成基体材料设计和结构设计之后，就要通过相应的制造工艺成型加工出适用的隔声去耦覆盖层。隔声去耦覆盖层的制造方法与材料的外部结构、内部声腔结构、尺寸大小、材料体系的类型等因素密切相关，需要根据材料的具体特点选择合适的制造方法，以达到高效率、高质量成型的目的。隔声去耦覆盖层的制造工艺主要有：预制型制造工艺、浇注型制造工艺及多层结构隔声去耦覆盖层复合制造工艺。

采用预制型制造工艺时，以模具成型硫化为主，一般包括塑炼、混炼、硫化等。这种制造工艺和一般的橡胶制品的制造方法类似，经过塑炼—混炼—压延（或压出、挤出等）—模压—硫化（包括模压法硫化、注压或注射法硫化）等工序，按照设计模具预先硫化成具有特殊外形或内部结构的制品。预制型隔声去耦覆盖层既可以制成单层，也可以制成多层结构再进行复合。预制型制造工艺通常适用于橡胶材料，其中注射法硫化是目前预制型制造工艺的研究热点。注射成型技术与模压成型技术相比具有以下明显的优点：工艺简单，操作方便，机械化、自动化程度高，劳动强度低，胶料浪费少，产品硫化时间短，性能稳定，合格率高，等等。

由于隔声去耦覆盖层结构的复杂性，难以单次成型完整的声学材料，通常需要多次成型隔声去耦覆盖层不同的功能层，并通过黏接复合工艺形成一个完整的整体。多层结构隔声去耦覆盖层复合工艺首先选取合适的胶黏剂，常用的胶黏剂有：①环氧树脂胶黏剂，以环氧树脂为主，具有适应性强、黏接强度高、不含挥发性溶剂、固化收缩小等优点，通常应用于环境苛刻的舷外部位。②氯丁橡胶胶黏剂，其主要成分是氯丁橡胶，这种胶黏剂具有内聚力高、结晶速度快的特点，初黏力较好，对一些特殊形状的表面不需要加压也能贴合得很好。这种胶黏剂具有耐臭氧、耐日光、耐油、耐水和耐化学介质等性能，通常应用于舱内区域。为得到符合设计要求的黏接强度，要对隔声去耦覆盖层黏接面做适当的表面处理。表面处理的方法依材质的不同而不同，可以分为粗化脱脂处理、化学液处理和等离子处理等。

浇注型制造工艺顾名思义是指向模腔中浇注液体原料，使之发生固化反应形成隔声去耦覆盖层。浇注型隔声去耦覆盖层相比预制型制造工艺具有以下特点：①可以直接制得很厚的大体积或者形状复杂的隔声去耦覆盖层制品；②可手工浇注，投资小，加工方便。浇注型制造工艺通常适用于聚氨酯类基体材料。隔声去耦覆盖层内部大都含有复杂的声腔结构，成型难度较大，模具设计是隔声去耦覆盖层制品成型的关键环节，而了解隔声去耦覆盖层的制造工艺是模具设计成功的基础。以注射硫化为例，注射模具的基本组成包括：定模机构、动模机构、浇注系统、导向装置、顶出机构、抽芯结构、冷却装置、排气系统等。

4.1.4　性能测试与表征

隔声去耦覆盖层的测试与表征主要包括常规物理机械性能、动态力学性能、耐介质性能以及声学性能测试与表征。正如 3.2.1 小节所述，常规物理机械性能主要包括拉伸强度、拉断伸长率、硬度、密度、脆性温度等，这些性能表征方法多采用和参照现有国家标准、行业标准和国军标等，相关方法比较成熟。由于隔声去耦覆盖层一般会与水（淡水或海水）、油等介质接触，因此需要对其进行耐介质性能测试。通常考核质量变化率、体积变化率，部分产品要求考核实验液体浸泡前后拉伸强度和拉断伸长率的变化。由 3.2.1 小节可知，隔声去耦覆盖层动态性能的测试方法主要有非共振法和共振法两类，对应的测试标准有《塑料　动态力学性能的测定　第 4 部分：非共振拉伸振动法》（GB/T 33061.4—2023）[5]、《塑料-动态力学性能的测定-第 5 部分：弯曲振动-非共振法》（ISO 6721-5—2019）、《塑料-动态力学性能的测定-第 6 部分：剪切振动-非共振方法》（ISO 6721-6—2019）、《粘弹阻尼材料强迫非共振型动态测试方法》（GJB 981A—2021）[6]等。

声学性能测试一般通过声管完成，这是目前最为常用的材料声学参数的测量装置，声管测量以小样品的测量来近似横向无限大样品的测量结果，声管还可实现加压测量，模拟深水的静水压力环境条件，同时可实现水温控制，如表 4-1 所示。声管常用的测试技术有脉冲法[7]、驻波法[8]和行波法[9]。脉冲法是在声管中利用不同声波传播的时间差实现三种声波的获取和分离，其长度直接影响测量的最低频率。驻波法发射的声波为连续波，入射声波和反射声波在声管中叠加形成驻波声场，通过传递函数法或驻波比法来获得样品的声学参数。行波法是近年来随着数字处理技术和主动消声技术的进步而出现的新型测量方法。三种测量方法在测试频率范围和适用条件上相互补充，可根据不同的测试要求选择不同的测试方法，详细的声管测试技术请参考第 5 章。

表 4-1　声管类型及常见测试参数

名称	频率范围	测试条件	样品位置	测试参数	备注
脉冲法	1000～30000Hz	4～40℃ 0.1～6.0MPa	管口	透射系数、反射系数、吸声系数、 纵波声速、衰减系数	气加压
			管中	透射系数、反射系数、吸声系数	
驻波法	200～10000Hz		管口	反射系数、吸声系数	
			管中		
行波法	100～4000Hz		管中	透射系数、反射系数、吸声系数	水加压

4.2　材料及结构参数设计

隔声去耦覆盖层典型结构如图 4-1 所示，隔声去耦覆盖层厚度为 B_1，阻尼层厚度为 B_2，两空腔结构上下径及高度尺寸分别为 d_1、d_2、h_1 和 d_3、d_4、h_2。计算模型有两种：一种是含圆柱与圆锥台组合空腔（组合腔）；另一种仅是含圆锥台空腔，如图 4-2 所示。

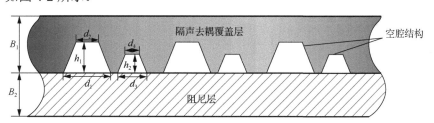

图 4-1　隔声去耦覆盖层典型结构示意图

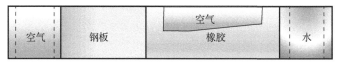

（a）含圆柱与圆锥台组合空腔去耦覆盖层结构计算模型

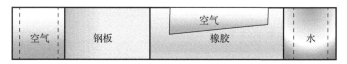

（b）仅含圆锥台空腔去耦覆盖层结构计算模型

图 4-2　隔声去耦覆盖层计算结构模型

4.2.1　基体材料设计

下面假设材料的密度为 1143kg/m^3，而其他参数变化范围拟由一组实验测定的橡胶材料性能数据进行假设性扩展获得，并用来计算相应的隔声去耦覆盖层性能，以便考查基体材料参数变化对性能的影响程度和变化趋势。

分析材料某特性参数影响时，需假设其他特性参数保持不变，主要考虑三种情况：一是假设杨氏模量不变，而损耗因子有上下最大 40% 的变化，图 4-3 中给出一种材料的四种损耗因子随频率变化的曲线；二是通过对杨氏模量作假设性最大 40% 上下扩展，并假定损耗因子不变，便获得了图 4-4 中其他几种杨氏模量的材料特性；三是在实验数据的基础上按照同样比例对橡胶损耗因子和杨氏模量作假设性扩张，并考察对隔声去耦覆盖层性能的影响，实际上就是图 4-3 中损耗因子与图 4-4 中杨氏模量的平行组合。

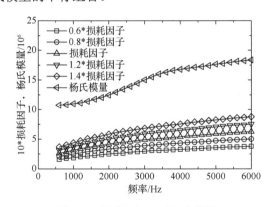

图 4-3　橡胶损耗因子变化范围

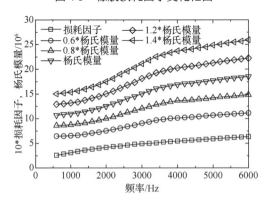

图 4-4　橡胶杨氏模量的选择范围

1. 材料损耗因子变化的影响

图 4-5 和图 4-6 分别给出了材料损耗因子对两种腔体隔声去耦覆盖层传递特性的影响。从图中可知，材料损耗因子的变化主要影响隔声去耦覆盖层高频部分的传递特性，高频段的传递系数随阻尼增加而降低；并且对于圆锥台空腔结构，产生明显影响的起始频率为 2400Hz，而对组合空腔结构的起始频率为 2000Hz。

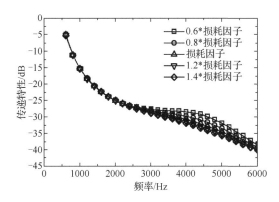

图 4-5　不同材料损耗因子对圆锥台空腔隔声去耦覆盖层的传递特性

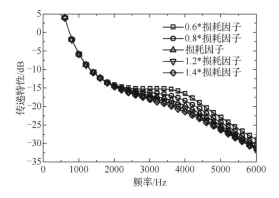

图 4-6　不同材料损耗因子对组合空腔隔声去耦覆盖层的传递特性

2. 杨氏模量变化的影响

图 4-7 和图 4-8 分别给出了不同材料杨氏模量下圆锥台空腔和组合空腔隔声去耦覆盖层的传递特性。对于两种腔体，在整个频率范围，传递损耗与材料的杨氏模量呈负相关，即杨氏模量越大，传递损耗越小，传递特性曲线整体上移。与材料损耗因子变化对传递特性的影响相比，杨氏模量变化引起传递系数变化的幅度更大，在 3000Hz 以上的高频区，这种差别更加突出。

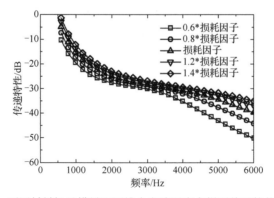

图 4-7　不同材料杨氏模量下圆锥台空腔隔声去耦覆盖层的传递特性

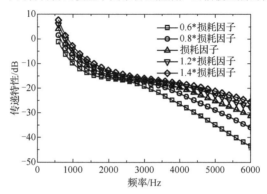

图 4-8　不同材料杨氏模量下组合空腔隔声去耦覆盖层的传递特性

3. 损耗因子与杨氏模量平行变化的影响

图 4-9 与图 4-10 分别给出了材料损耗因子和杨氏模量平行变化下圆锥台空腔和组合空腔隔声去耦覆盖层的传递特性，与杨氏模量变化导致的传递特性变化很接近。这体现在目前的材料和结构基础上，杨氏模量的改变对隔声去耦覆盖层的性能起着主导作用。

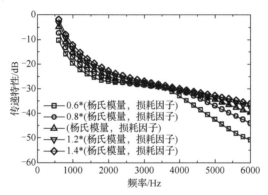

图 4-9　材料损耗因子-杨氏模量平行变化下圆锥台空腔的传递特性

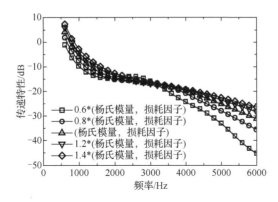

图 4-10 材料损耗因子-杨氏模量平行变化下组合空腔的传递特性

4.2.2 声学结构设计

声学结构主要表现在结构尺寸和腔形两个方面，下面分别介绍结构尺寸和腔形对隔声去耦层性能的影响规律。

1. 结构尺寸的影响

隔声去耦覆盖层的厚度受到实际使用场合的限制，而内部空腔的大小受到耐受静压力要求的限制。故本小节主要针对这两个方面对隔声去耦覆盖层性能的影响开展研究，主要考虑两种变化情况：一是总体结构尺寸按照相似比例放大或缩小；二是腔体尺寸相对变化。对于图 4-2 中给出的结构模型，两种变化情况的比例范围为 0.6～1.4。图 4-11 与图 4-12 分别给出了圆锥台空腔隔声去耦覆盖层按照比例改变和只改变腔体尺寸（包括半径和高度）的结构示意图，组合空腔的尺寸变化以类似方式选择。

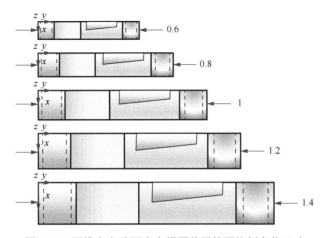

图 4-11 圆锥台空腔隔声去耦覆盖层按照比例变化尺寸

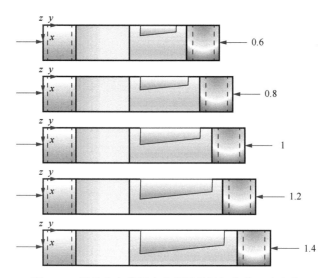

图 4-12　圆锥台空腔隔声去耦覆盖层仅腔体尺寸变化

图 4-13 和图 4-14 分别给出圆锥台空腔和组合空腔结构尺寸在不同比例变化下的传递特性。相比前面材料损耗因子和杨氏模量变化的影响，结构尺寸的变化对隔声去耦覆盖层的传递影响更显著，在现有尺寸上增加或者减少 20%，可以使整个频率范围传递值相差 8～10dB。

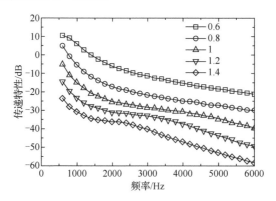

图 4-13　圆锥台空腔结构尺寸在不同比例变化下的传递特性

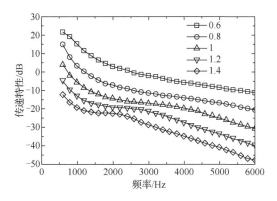

图 4-14　组合空腔结构尺寸在不同比例变化下的传递特性

图 4-15 和图 4-16 给出了空腔尺寸（高度和半径）变化分别对圆锥台空腔和组合空腔隔声去耦覆盖层传递特性的影响。与比例尺寸变化情况类似，腔体尺寸变化对隔声去耦覆盖层传递特性的影响非常显著，在现有实际腔尺寸上增大或减小 20%，可以使整个频率范围传递值减小或增大将近 10dB。

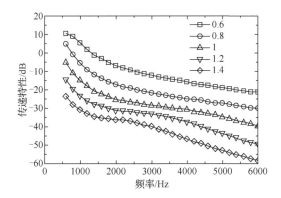

图 4-15　空腔尺寸对圆锥台空腔隔声去耦覆盖层的影响

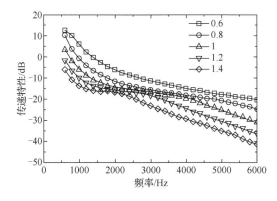

图 4-16　空腔尺寸对组合空腔隔声去耦覆盖层的影响

从材料参数和结构参数变化影响来看，后者对隔声去耦覆盖层传递特性的影响明显起主导作用，尤其是腔体尺寸。据此，可以认为隔声去耦覆盖层抑制声辐射的主要作用机理是阻断声波的传递。图 4-17 给出圆锥台空腔隔声去耦覆盖层在6000Hz 下的振动位移分布，可以看出，振动位移最大的位置处在圆锥台空腔的腔底（半径大的一侧），表明自钢板传递来的波动在该处有能量集中，未能通过空腔传递。对于其他频率以及组合空腔隔声去耦覆盖层，有相似的振动位移分布。

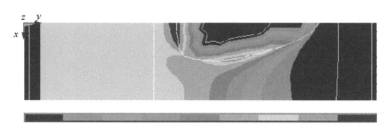

图 4-17　圆锥台空腔隔声去耦覆盖层的振动位移分布（6000Hz）

2. 腔型的影响

在保证隔声去耦覆盖层内空腔体积相等的前提下，研究如图 4-18 所示的 3 种类型 9 种空腔形状对隔声去耦覆盖层声学性能的影响规律，9 种结构空腔体积均为 $2×10^{-6}m^3$，腔高均为 0.02m。为方便分析和提高建模精度，隔声去耦覆盖层声学单元采用如图 4-19 所示的圆柱结构，由钢板-阻尼层-隔声层组成，空腔内不含阻尼层结构。

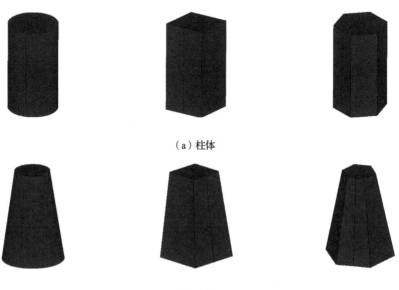

（a）柱体

（b）台体

（c）锥体

图 4-18　隔声去耦覆盖层内的空腔形状

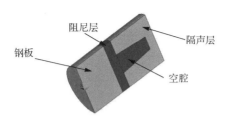

图 4-19　隔声去耦覆盖层单元结构模型

图 4-18 所示的各种空腔的隔声去耦覆盖层声学特性的预测结果如图 4-20～图 4-22 所示。从图中可以看出，柱体和锥体空腔形状对隔声去耦覆盖层声学性能的影响很小，除峰值大小略有变化外，其他地方几乎不变；台体空腔形状则对隔声去耦覆盖层声学性能的影响较大，但明显变化频段仍在传递特性峰值处。此外，随着同一腔形棱数的增多，隔声去耦覆盖层的声学性能愈与含圆形空腔的隔声去耦覆盖层性能接近，这与理论分析相符。

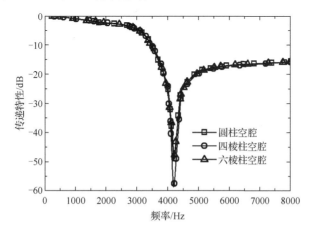

图 4-20　含柱体空腔隔声去耦覆盖层的传递特性

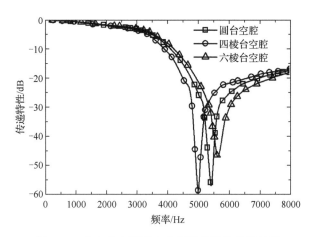

图 4-21　含台体空腔隔声去耦覆盖层的传递特性

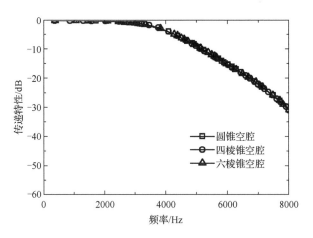

图 4-22　含锥体空腔隔声去耦覆盖层的传递特性

　　为方便比较不同类型空腔对隔声去耦覆盖层声学性能的影响，图 4-23 将含圆柱空腔、圆台空腔和圆锥空腔的隔声去耦覆盖层传递特性预测结果重绘在一起。可以看出，腔形对隔声去耦覆盖层的声学性能影响较大，圆柱空腔更适合改善 4000Hz 左右隔声去耦覆盖层的声学性能，而圆锥空腔更适于改善 6000Hz 以上隔声去耦覆盖层的声学性能。因此，在设计隔声去耦覆盖层时，腔形的选择至关重要。

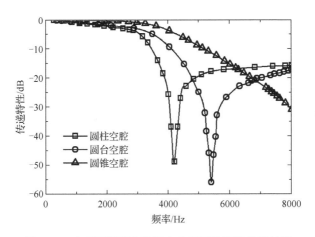

图 4-23　含不同类型空腔隔声去耦覆盖层的传递特性

4.3　静水压力对隔声去耦覆盖层的影响

隔声去耦覆盖层作为敷设在舰船上的声学结构，自然会受到水压作用而发生变形，进而引起空腔结构形状发生变化，导致原本可用函数描述的空腔截面积变成了复杂形状。静压变形条件下隔声去耦覆盖层性能的计算包括静态压力引起的变形与声学特性的计算两个步骤，首先对隔声去耦覆盖层进行静水压力下的静态受力变形分析，得到结构变形之后内部腔体的几何变形数据，然后根据这些数据重新建立隔声去耦覆盖层声学计算模型，整个计算流程如图 4-24 所示。下面给出具体计算了与水面及水深 100m、300m 和 500m 相对应的静水压力下的含圆锥空腔的隔声去耦覆盖层的变形和隔声性能。

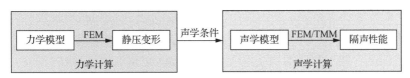

图 4-24　静水压力下隔声去耦覆盖层性能计算流程图

4.3.1　有限元模型

1. 静压形变的计算与验证

对于静压变形下变形数值计算的验证，采用存在严格理论解的简单圆柱体进行对比；而对于隔声去耦性能的计算，通过与采用了均匀橡胶圆柱体的实验测试结果进行对比验证。橡胶的杨氏模量为 $18.36×10^6$Pa、半径为 8.4mm、高度为 50mm。图 4-25 给出了圆柱面自由和法向刚性约束两种情况下的变形数值计算结果。另外，理论上可计算柱面自由时形变，4.5MPa 压力下压缩形变最大位移为 0.012255m，这与数值计算几乎完全一致。

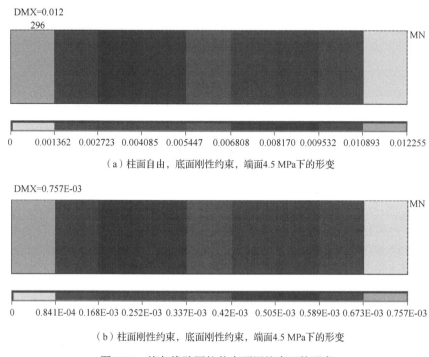

（a）柱面自由，底面刚性约束，端面4.5 MPa下的形变

（b）柱面刚性约束，底面刚性约束，端面4.5 MPa下的形变

图 4-25　均匀橡胶圆柱体在不同约束下的形变

注：DMX 为最大形变，MN 为最小形变。

图 4-26 给出对含圆锥空腔的隔声去耦覆盖层在静水压力为 1MPa、3MPa 和 5MPa 下的变形计算结果。显示变形的色彩图为示意图，但是表现形式相同，区别是变形色彩尺度不同。图中未变形的结构包含一个锥形空腔，底半径为 8mm、高度为 20mm，腔顶和底的橡胶厚度均为 5mm，橡胶单元半径为 13mm。从图中可以看出，在静态压力作用下，圆锥空腔的形状基本保持不变，但随着静压增加，圆锥空腔高度的压缩量与静水压力大小成比例。在 1MPa 时，高度仅压缩 3mm，5MPa 时被压缩了 3/4（或 15mm），高度仅剩下 5mm。

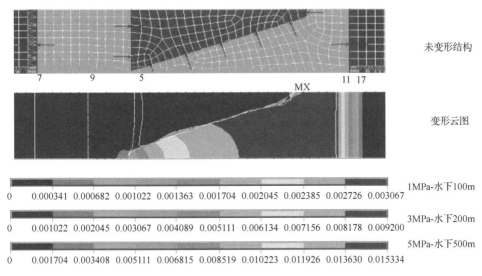

图 4-26　含圆锥空腔的隔声去耦覆盖层的静水压力变形计算结果

2. 材料动态力学性能参数

关于静水压力下的材料动态力学性能参数的获取，目前国内还难以测试黏弹性材料加压下的动态力学性能，难以为材料设计和结构声学计算提供压力状态下的材料动态力学参数和声学参数，但可以通过热力分析仪测定材料制品的模量-温度曲线，运用分子模拟和实验相结合的方法，研究去耦覆盖层材料的压力（P）、体积（V）、温度（T）之间的关系。然后采用时间-温度-压强等效原理，获取由于温度降低 ΔT 所带来的弹性体模量和损耗因子定量变化情况，进而分析压力变化对去耦覆盖层材料的杨氏模量和损耗因子的影响，为静水压条件下去耦覆盖层隔声性能设计提供输入参数。模型中橡胶材料参数 $\rho_0 = 1143 \text{kg/m}^3$，泊松比为 0.496，计算中用的杨氏模量为一组不同频率下的杨氏模量和损耗因子采用实验测得的数据，其特性如图 4-27 所示。

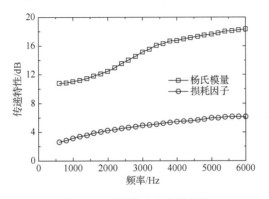

图 4-27　橡胶的动态力学特性

4.3.2 压力对隔声去耦覆盖层声学性能的影响

图 4-28 给出了大气压（0.1MPa）下数值计算的激励压强-辐射声压与一组样品实验测试结果的对照。从图中可以看到，计算结果与实验测试结果的趋势基本一致，随着频率增高，传递值都下降，并且都在 1000Hz 以下低频显现传递值为正的情况，表示低频声传递得到加强。计算值曲线比较光滑，而实验值存在一些振荡，计算与实验在数值上比较接近，低频时相差 5～10dB，中间频段 1000～2600Hz 平均相差 3dB。实验值在 2600Hz 以上时出现振荡，主要由实验中高频声信号较弱所致。

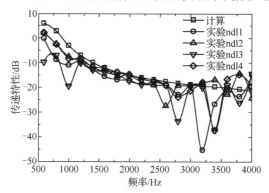

图 4-28 计算结果与实验测试结果的比较

图 4-29 给出对应（水面，水下 100m、300m、500m）几种不同静水压力下的隔声去耦覆盖层的激励压强-辐射声压的传递特性。从图中可以看到，静态压力变化的影响具有以下特点：①各种静水压力下的声传递特性随频率的变化趋势基本一致，都随频率增加而传递减弱，并且都有一个低频下限，低于低频下限就会出现声波透射增强的情况；②静态压力越高，声传递也越大，在图中静压高的传递曲线位于上方；③出现声音透射增强的频率下限随静压增大而上移，图中 5MPa 静压对应曲线的频率下限达到了 1400Hz，1MPa 静态压力下（或水深不超过 100m）的声传递与 1 个大气压（或水面）的声传递特性差别不大。

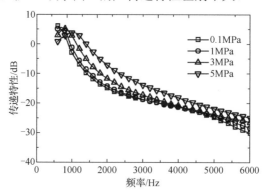

图 4-29 不同静压下隔声去耦覆盖层的传递特性

4.4　背衬对隔声去耦覆盖层的影响

含圆柱空腔的隔声去耦覆盖层的有限元分析模型如图 2-29 所示，单层壳模型计算选取隔声去耦覆盖层厚为 4cm，圆柱空腔高为 2cm、直径为 2cm、间距为 3cm；圆柱腔两底面分别距离吸声材料表面 1cm；水层为 10cm，钢板为 5mm。

4.4.1　钢板背衬

图 4-30 给出了含圆柱空腔的隔声去耦覆盖层在声波不同角度入射时的吸声系数曲线。从图中可以看出，在钢板背衬时，对于含圆柱空腔的隔声去耦覆盖层而言，随着入射角度增大，共振频率基本保持不变。在低频时，不同角度的声波入射，隔声去耦覆盖层吸声特性基本不变；而在中高频时，隔声去耦覆盖层对垂直入射的声波吸收性能最佳。

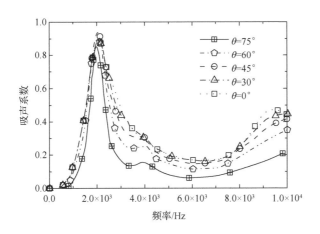

图 4-30　钢板背衬时含圆柱空腔的隔声去耦覆盖层声波入射吸声系数频响曲线

图 4-31 分别给出了隔声去耦覆盖层敷设钢板背衬时，圆柱空腔、圆台空腔的吸声系数频响曲线。从图中可以看出，含圆柱空腔吸声覆盖层的低频吸声性能好于圆台空腔，共振频率较低，并且共振吸声峰值相对较高；而在中高频时，圆台空腔的吸声性能要明显好于圆柱空腔。除此之外，圆台空腔的低频吸声频带比圆柱空腔宽，表明其具有较好的吸声范围。

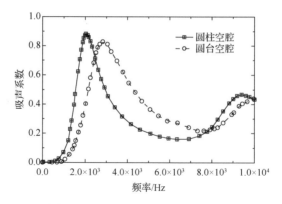

图 4-31　钢板背衬吸声系数频响曲线

4.4.2　水背衬

　　水背衬时，圆柱空腔隔声去耦覆盖层的反射系数、透射系数和吸声系数随入射角的变化如图 4-32 所示。从吸声系数、透射系数频响曲线可知，随着入射波频率增加，水背衬时圆柱空腔隔声去耦覆盖层的吸声系数减小、透射系数减小。随着入射角变大，圆柱空腔隔声去耦覆盖层反射系数升高，透射系数减小。

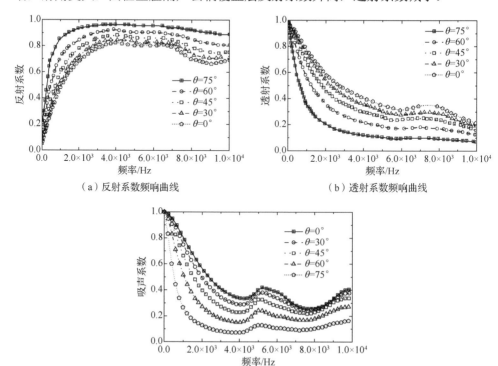

（a）反射系数频响曲线　　　　　（b）透射系数频响曲线

（c）吸声系数频响曲线

图 4-32　水背衬条件下圆柱空腔隔声去耦覆盖层性能

图 4-33 给出了水中隔声量曲线（水中插入损失）。在所计算的频段内，圆柱空腔结构下的反射系数较大，吸声性能较差。这是因为在圆柱空腔结构中，声波碰到腔壁发生反射，尤其因为底面是平面，所以声波在这里的反射会比较强。因此最终传播到后界面，进而向另一侧的水中透射的声能较少；另外，在腔壁处发生反射的声能，又往回传播到入射端面而向水中透射，进而使反射增大。

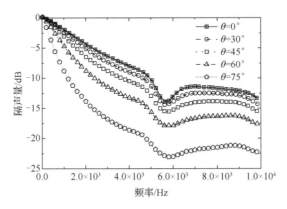

图 4-33　水中隔声量曲线

4.4.3　空气背衬

图 4-34 中给出了空气背衬条件下声波在圆柱空腔隔声去耦覆盖层中的反射系数曲线。作为对比，图中同时给出了同背衬下均匀实心材料的反射系数曲线。由图可知，圆柱空腔隔声去耦覆盖层的反射系数在 3500Hz 频率附近出现了极低值，这是由于在此频率下系统出现了强烈的共振，导致圆柱空腔隔声去耦覆盖层由于振动对声能的损耗达到最大。此外，与水背衬条件下的反射系数曲线（图 4-32）不同的是，空气背衬条件下均匀实心材料和圆柱空腔隔声去耦覆盖层的反射系数都明显大于水背衬时的反射系数（除共振频段外），这是由于空气介质的密度、杨氏模量等都很小，因此材料外侧接近自由边界，导致声波很难透射出去。

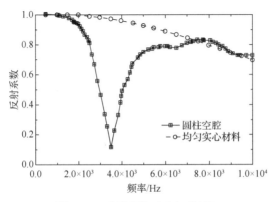

图 4-34　反射系数（空气背衬）

为了进一步分析上述原因，图 4-35 展示了 3500Hz 谐振频率下在水背衬和空气背衬环境下圆柱空腔形变和位移分布图，此时形变的方式是整个声学材料在厚度方向被压缩，同时圆柱空腔的侧壁及两个底面向圆柱空腔内部弯曲。同时可以看出，空气背衬与水背衬时的谐振相比，振动幅度显著增大，所以产生了很高的能量吸收峰。

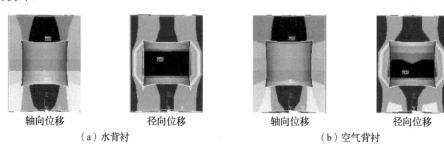

     轴向位移   径向位移   轴向位移   径向位移

（a）水背衬   （b）空气背衬

图 4-35   3500Hz 下形变和位移分布图

4.4.4 双层钢板背衬

图 4-36 给出了声波不同背衬模型反射系数曲线。从图中可以看出，双层壳背衬和单层壳背衬相比，第一谐振频率左移，谐振强度减弱，使低频反射明显增大。值得注意的是，双层壳模型在中频带增加了一个很尖、很窄的谐振点。双层壳背衬和单层壳背衬高频部分的反射系数几乎相同，随着入射角增大，反射系数第一谐振频率峰逐渐减小，中频带谐振点右移。

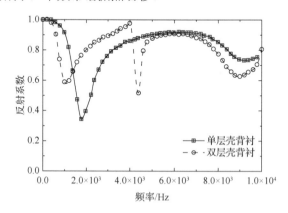

图 4-36   双层壳背衬与单层壳背衬反射系数频响曲线对比

4.4.5 声波入射方向的影响

图 4-37 给出了钢板背衬下，含圆柱空腔的隔声去耦覆盖层在不同方向声波入射时吸声系数曲线。从图中可以看出，钢板背衬环境下，含圆柱空腔的隔声去耦

覆盖层随着入射角度增大，共振频率基本保持不变。在低频段，不同角度的声波
入射时，隔声去耦覆盖层的吸声特性基本不变，而在中高频段，隔声去耦覆盖层
对垂直入射的声波吸收性能最佳。

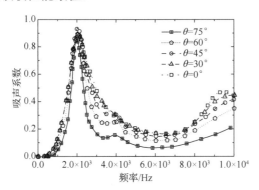

图 4-37　含圆柱空腔隔声去耦覆盖层钢板背衬斜入射吸声系数频响曲线

　　图 4-38 给出了双层模型钢板背衬入射声波角度不同时的反射系数曲线。从
图中可以看出与单层壳类似的变化规律，也就是在钢板背衬时，含圆柱空腔的隔
声去耦覆盖层随着声波入射角度的增大，共振频率也基本保持不变，并且在低频
段，隔声去耦覆盖层的吸声特性基本不随声波入射角度的变化而变化，但在中高
频段，随着入射角度的增大，共振频率右移。

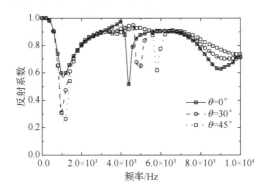

图 4-38　含圆柱空腔隔声去耦覆盖层钢板背衬斜入射反射系数频响曲线

4.5　隔声去耦覆盖层抗冲击性能

4.5.1　爆炸冲击波的产生

　　产生冲击波的原因有很多，包括爆炸、地震和海啸等一系列原因，但本小节

中涉及的冲击波主要由常规武器爆炸所导致。爆炸反应传播的主要类型是爆轰波,它在炸药内部以每秒数千米的速度运动,该过程具有突变性和阶跃性。因此,在研究爆炸时,需要确定爆炸系统与其周围环境之间的边界条件,建立相应的状态方程,进而描述爆炸系统的爆轰过程[10]。

为了描述爆轰过程中爆轰压力、每单位体积内能以及相对体积三个变量之间的关系,可以采用 JWL(Jones-Wilkins-Lee)来表示相应的状态方程[11],其具体表达式如下所示。

$$P = A\left(1 - \frac{\omega}{R_1 V}\right)e^{-R_1 V} + B\left(1 - \frac{\omega}{R_2 V}\right)e^{-R_2 V} + \frac{\omega \vartheta}{V} \qquad (4\text{-}1)$$

式中,P 表示爆轰压力;ϑ 表示单位体积内能;V 表示相对体积;ω、A、B、R_1 和 R_2 分别表示上述状态方程的输入参数,且输入参数适用于各种凝态炸药。

对于给定的爆炸系统,任意一点的压力与系统内部的炸药当量有关,且假定系统的峰值压力 P_m 按指数规律变化,相应的表达式如下所示。

$$P_m = \text{k}\left(\frac{W^{1/3}}{R}\right)^{\chi} \qquad (4\text{-}2)$$

式中,W 表示为炸药当量;R 表示为距爆心距离;k 和 χ 是常量,通常分别取值为 533 和 1.13[12]。

为了使爆炸冲击波对壳体结构影响的研究更具一般性,通常定义如下所示的冲击因子 ξ。

$$\xi = \frac{W^{1/3}}{R_{\min}} \qquad (4\text{-}3)$$

式中,W 表示炸药当量(TNT,kg);$R_{\min}$ 表示爆心距物体外表面的最小距离(m)。

4.5.2　显式有限元算法

爆炸的持续时间非常短暂,且爆炸瞬间会产生冲击波,对水环境周围的物体产生一定程度的破坏。此外,爆炸一般是非接触式爆炸,即爆炸不会直接作用在船体表面,不会使舰船结构产生严重破坏,但是会使舰船结构产生剧烈振动和塑性变形,最终导致船体设备失效。

从物理本质上来看,爆炸过程是高速动力学过程,如何实现爆炸作用下舰船结构动力学响应的有效计算,是目前急需解决的问题。鉴于爆炸的实验条件要求比较高,有限元数值模拟已经成为研究结构动力学响应的主要手段。在采用有限元法进行数值模拟时,会涉及复杂接触、材料失效和退化等问题。针对上述问题,采用显式有限元算法来计算爆炸作用下舰船结构动力学响应比较合适。采用显式有限元算法可以得到 $t+\Delta t$ 时刻的模型状态,其中 Δt 表示时间增量,为了同时保证计算精度和计算效率，时间增量应当尽可能接近但不超过最大时间增量。

4.5.3　爆炸冲击载荷模型计算方法

考虑到目前有限元仿真软件在爆炸动力学响应求解中存在局限性，将在库尔公式、Zamyshlyayev 经验公式、Geers and Hunters 模型和边界元方法等爆炸经典理论的基础上，给出爆炸冲击载荷和气泡载荷的数值计算方法，建立标准化爆炸冲击载荷的数值计算模型，同时要求该模型的计算精度可控，即计算结果具有一定的可靠性，从而为舰船结构的近远场抗冲击性能设计提供有力的理论支撑和技术支持。

对于爆炸冲击载荷的数值计算，一般采用两种典型的方法，分别是经验公式和直接计算法，但这两种方法自身又具一定的局限性。经验公式用于估算中远场的爆炸冲击载荷，而直接计算法用于估算近场的爆炸冲击载荷。直接计算法主要包括 ABAQUS 的耦合欧拉-拉格朗日方法（coupled Eulerian-Lagrangian，CEL）、MSC Dytran 和 LS-DYNA 的任意拉格朗日-欧拉法（arbitary Lagrangian-Eularian，ALE）。这类方法的优点是能够考虑边界非线性问题和流体控制方程，缺点是计算量较大，在工程应用中不方便。目前常用的冲击载荷计算模型是基于库尔公式提出的，相应的表达式如下所示。

$$P_m = 53.3\left(\frac{W^{1/3}}{R}\right)^{1.13} \tag{4-4}$$

$$\Upsilon = 0.058W^{1/3}\left(\frac{W^{1/3}}{R}\right)^{0.89} \tag{4-5}$$

式中，P_m 表示爆炸冲击载荷的压力峰值（MPa）；Υ 表示比冲量（N/(kg/s)）。

4.5.4　爆炸冲击载荷的加载方法

由 4.3 节可知，一般采用有限元方法进行船体爆炸的仿真计算，在计算过程中，爆炸冲击载荷需要通过加载进行模拟，要想模拟爆炸冲击载荷，首先要选取合适的加载面。加载面的选取须遵守以下原则：①尽可能地模拟爆炸后压力载荷快速衰减的过程，同时保证舰船表面的流场压力与经验公式的计算结果一致；②应当尽可能保证模拟冲击波在传播过程中不失真，接近真实冲击波，尤其是真实冲击波的一些特征；③保证加载面的选择具有一定的通用性，能够适用于不同的药量、爆心位置等各种工况；④保证加载的简便性，易于操作，使计算时间尽可能小。另外，在进行流体有限元分析时，为了保证分析结果的计算精度和算法的稳定性，在进行网格划分时，应当尽可能地采用六面体单元。

1.　球面加载法

球面加载法的定义是施加载荷的面为球面，要点在于以药包为球心建立同心空心球体，球体外部半径以包含冲击波可能作用到的范围并略大一些为好[13]，如图 4-39 所示，并在加载面上划分单层网格以便加载。为保证能够准确模拟冲击波遇到结构障碍物时的反射波影响，加载面与结构物之间应填加几层网格。球面加载法的优点是使整个球壳上具有相同的冲击波参数，便于加载面上动态压力的计算，而且能够保证冲击波继续传播时仍然保持球形波振面，满足冲击波传播的特性。

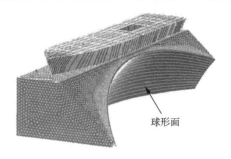

图 4-39　球面加载法示意图

2. 平断面加载法

平断面加载法的定义是施加载荷的面是平面，且加载面的形状并不是固定的，视具体工况而定，常用的加载面形状有矩形、圆形和梯形。在实际计算处理过程中，需要根据求解精度将加载平面进行不同等级的划分。图 4-40 描述了加载面上的加载微元到爆炸中心的距离，不难看出不同加载微元与爆炸中心的距离是不同的。尽管加载平面可能不是一个平面，但是划分的加载微元被视为一个平面。另外，不同加载微元的载荷分布不同，同一个加载微元具有相同的载荷。

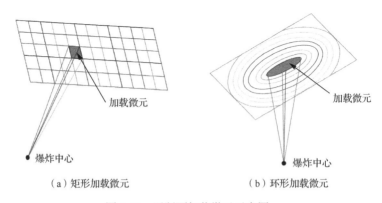

（a）矩形加载微元　　　　　　　　　（b）环形加载微元

图 4-40　平断面加载微元示意图

4.5.5　加筋板结构应用效果评估

下面将介绍采用敷设隔声去耦覆盖层的板架结构抗冲击性能数值的研究结果[14]。

1. 含隔声去耦覆盖层的板架结构模型

隔声去耦覆盖层敷设在板架结构表面的示意图, 如图 4-41 所示, 钢板结构与基体采用刚性连接[15]。隔声去耦覆盖层由三层材料层合成, 图 4-41 中的 B_1 表示隔声层的厚度; B_2 表示吸声层和阻尼层的厚度; d_1、d_2、d_3 和 d_4 分别表示隔声层中结构中空腔尺寸的大小; H 表示钢板的厚度。另外, 该模型的边界是刚性对称边界。

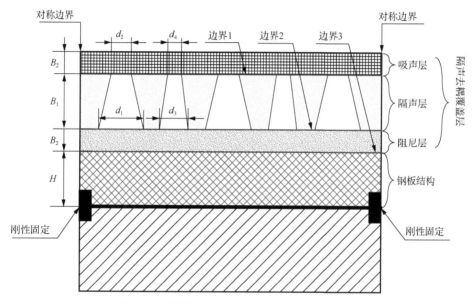

图 4-41　敷设隔声去耦覆盖层的板架结构模型

隔声去耦覆盖层主要由橡胶类黏弹性高分子材料组成, 且该类材料在弹性范围内具有高度非线性, 即使变形超过 100%, 仍可以保持弹性变形[16], 因此应当采用超弹性模型来描述隔声去耦覆盖层材料的本构关系。另外, 爆炸冲击载荷使船体表面的板架结构产生高应变率, 为了在仿真计算时考虑高应变率, 一般采用塑性运动模型 (Plastic-Kinematic 模型), 且模型网格采用体单元进行划分。

图 4-42 描述了爆炸中心与含隔声去耦覆盖层的板架结构之间的相对位置关系, S_0 表示自由表面, 即压力为 0 的边界; S_s 和 S_w 分别表示舰船与流体相接触的结构外表面和流体表面; S_{wf} 表示流场边界, 也被称作无反射边界; S^0 表示爆炸中心的位置, 也被称作爆炸源点; 图中 A 表示舰船结构距离爆炸源点最近的位置点, 同时也是爆炸冲击波最先到达舰船结构的位置点。

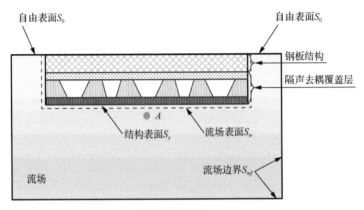

图 4-42　计算模型示意图

2. 计算模型参数及工况描述

对隔声去耦覆盖层抗冲击性能研究的侧重点在于研究隔声去耦覆盖层内部的几何结构参数对其抗冲击性能的影响，表 4-2 给出了隔声去耦覆盖层不同分析模型的具体几何参数，主要包括厚度、空腔尺寸和空腔类型。表 4-3 给出了敷设隔声去耦覆盖层板架结构在不同工况下的详细计算参数[17]。

表 4-2　隔声去耦覆盖层的尺寸参数　　　　　　　单位：cm

名称	B_1	B_2	d_1	d_2	d_3	d_4
圆柱	3	0.5	2	2	1	1
无空腔	2.5	0.5	无空腔结构			
橡胶 1	2.5	0.5	2	1	1	0.5
橡胶 2	4	0.5	2	1	1	0.5
橡胶 3	3.5	0.5	2	1	1	0.5
橡胶 4	4	0.5	2	1	1	0.5

表 4-3　模型的具体工况参数　　　　　　　单位：cm

工况	H	钢板厚度 B	钢板长度 a	隔声去耦覆盖层	冲击波载荷
钢板	1.4	0.5	14	无	
橡胶 1-钢板	1.4	0.5	14	橡胶 1	
橡胶 2-钢板	1.4	0.5	14	橡胶 2	806kg TNT
橡胶 3-钢板	1.4	0.5	14	橡胶 3	
橡胶 4-钢板	1.4	0.5	14	橡胶 4	考核点距爆炸
橡胶-钢板-圆柱	1.4	0.5	14	圆柱	源点 30m
橡胶-钢板-无空腔	1.4	0.5	14	无空腔	

3. 隔声去耦覆盖层厚度的影响

为了便于开展参数化对比研究，直接选取中心垂向加速度、动能和内能作为描述板架结构抗冲击性能的指标[17]。图 4-43 分别描述了在爆炸冲击载荷作用下，不敷设隔声去耦覆盖层与敷设不同厚度的隔声去耦覆盖层时，板架结构的抗冲击性能指标随时间的变化趋势。从图 4-43 中可知，隔声去耦覆盖层的厚度会对板架结构的加速度、内能和动能产生不同程度的影响。其中从图 4-43（a）可知，敷设较小厚度隔声去耦覆盖层板架结构的中心垂向加速度大于不敷设隔声去耦覆盖层板结构中心垂向加速度，这是因为隔声去耦覆盖层自身厚度较薄且带有空腔结构，一旦受到冲击载荷，板架结构表面就会产生附加振动，但随着厚度增加，上述中心垂向加速度峰值呈下降趋势；由图 4-43（b）和图 4-43（c）可知，板架结构在敷设隔声去耦覆盖层以后，其内能和动能都有较大的提高，随着隔声去耦覆盖层厚度增加，敷设隔声去耦覆盖层板架结构的最大内能不断增加，然而最大动能却有所减少，但相对于不敷设隔声去耦覆盖层板架结构仍有较大提高。

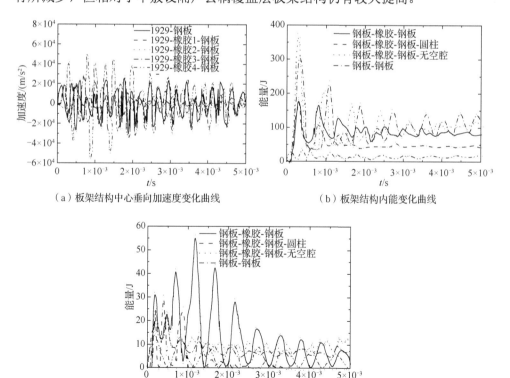

（a）板架结构中心垂向加速度变化曲线　　　（b）板架结构内能变化曲线

（c）板架结构动能变化曲线

图 4-43　板架结构抗冲击性能随隔声去耦覆盖层的变化曲线

4. 隔声去耦覆盖层空腔形状的影响

为了探讨隔声去耦覆盖层中空腔形状对板架结构抗冲击性能的影响，类比于上述讨论，具体计算结果如图 4-44 所示[17]。从图 4-44（a）可以看出，敷设隔声去耦覆盖层板架结构的中心垂向加速度均大于不敷设隔声去耦覆盖层板架结构；从图中还可以看出，不敷设隔声去耦覆盖层材料时，板架结构中心垂向加速度曲线随时间的衰减较小，敷设隔声去耦覆盖层材料后板中心的垂向加速度随时间的衰减较快，这就意味着隔声去耦覆盖层具有良好的阻尼特性。由图 4-44（b）和图 4-44（c）可知，当板架结构敷设隔声去耦覆盖层时，板架结构的内能和动能都有较大提高；当不开设空腔结构时，板架结构的内能和动能较开设空腔结构时有所减小，但仍较不敷设隔声去耦覆盖层时的情况偏大。

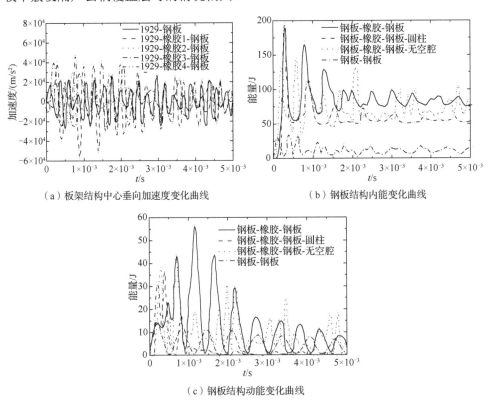

（a）板架结构中心垂向加速度变化曲线　　　　　（b）钢板结构内能变化曲线

（c）钢板结构动能变化曲线

图 4-44　板架结构抗冲击性能指标随空腔结构形式的变化曲线

综合上述分析可知，空腔结构形式在一定程度上会弱化隔声去耦覆盖层的结构刚度，但会增加其对外部能量的吸收。从吸声性能的角度来说，空腔结构形式会提高隔声去耦覆盖层的吸声性能；从抗冲击性能的角度来讲，空腔结构形式会对板架结构抗冲击性能产生不利的影响。由此可见，减小隔声去耦覆盖层对钢板结构抗冲击负面影响的方法是增大隔声去耦覆盖层的刚度，即减小隔声去耦覆盖层厚度、不开设空腔或尽量减小空腔结构，但这样会对其吸声性能产生影响。因此，在设计隔声去耦覆盖层的空腔结构时，吸声性能和抗冲击性能都要考虑[17]。

4.5.6　抗冲击性能评估结果分析

通过对典型板壳及组合壳体结构的抗冲击性能分析可知，隔声去耦覆盖层的敷设对结构的加速度、动能和内能等抗冲击性能参数具有不同程度的影响，从而对结构的抗冲击性产生一定的影响，主要结论如下：①不同的结构形式、不同的敷设方式以及隔声去耦覆盖层的厚度，对结构的抗冲击性能的影响规律并不一致；②隔声去耦覆盖层的空腔结构形式对结构的抗冲击性能具有显著影响，空腔结构形式在一定程度上会弱化隔声去耦覆盖层的结构刚度，从而对结构的抗冲击性能产生负面影响，但是从吸声性能的角度来说，空腔结构形式会提高隔声去耦覆盖层的吸声性能。

综上所述，隔声去耦覆盖层对于典型舰船结构抗冲击性能，受结构形式、材料层厚、敷设方式、空腔结构形式等多方面的影响。在需要考虑良好的抗冲击环境的前提条件下，隔声去耦覆盖层设计应该同时考虑声学性能和抗冲击性能，找到一个最近平衡点，既有优秀的声学性能，也具备良好的抗冲击性能。

参 考 文 献

[1] 付思伟，王琪，苏琳，等. 聚合物基水声材料的研究进展[J]. 橡胶工业，2019，66（12）：951-956.

[2] 张明霞，刘鹏征. 丁腈/高苯乙烯橡胶水声材料吸声性能研究[J]. 噪声与振动控制，2019，39（4）：249-253.

[3] 时志刚. 聚氨酯水下声学材料应用分析[J]. 声学与电子工程，2011（4）：1-3+13.

[4] 赵洪国，吴宇，付含琦，等. 混炼型聚氨酯应用及研究进展[J]. 现代橡胶技术，2017，43（5）：8-12.

[5] 国家市场监督管理总局，国家标准化管理委员会. 塑料　动态力学性能的测定　第4部分：非共振拉伸振动法：GB/T 33061.4－2023[S]. 北京：中国标准出版社，2023.

[6] 中央军委装备发展部. 粘弹阻尼材料强迫非共振型动态测试方法：GJB 981—90[S]. 北京：中国标准出版社，2021.

[7] 缪荣兴，王荣津. 水声材料纵波声速和衰减系数的脉冲管测量[J]. 声学与电子工程，1986（2）：31-37.

[8] 俞悟周，王佐民. 采用伪随机信号激励的驻波管三点测量法[J]. 声学学报，1996（4）：352-361.

[9] 李水，罗马奇，范进良，等. 水声材料低频声性能的行波管测量[J]. 声学学报，2007（4）：349-355.

[10] 周听清. 爆炸动力学及其应用[M]. 合肥：中国科学技术大学出版社，2001.

[11] 孙承纬，卫玉章，周之奎. 应用爆轰物理[M]. 北京：国防工业出版社，2000.

[12] 姚熊亮，许维军，梁德利. 水下爆炸时舰船冲击环境与冲击因子的关系[J]. 哈尔滨工程大学学报，2004（1）：6-12.

[13] 姚熊亮，刘向东，庞福振，等. 球面加载法在舰船舱室爆炸破坏环境中的应用[J]. 哈尔滨工程大学学报，2006（5）：693-697.

[14] 姚熊亮，于秀波，庞福振，等. 敷设声学覆盖层的板架结构抗冲击性能数值计算研究[J]. 工程力学，2007，24（11）：164-171.

[15] 姚熊亮，张妍，钱德进，等. 隔声去耦瓦声学性能有限元及实验研究[J]. 中国舰船研究，2007（6）：9-15.

[16] 张淳源，张为民. 高分子材料非线性粘弹性问题的解法[J]. 高分子材料科学与工程，2002，18（3）：4-9.

[17] 陈海龙. 声学覆盖层复合结构抗冲性能研究[D]. 哈尔滨：哈尔滨工程大学，2008.

第 5 章　隔声去耦性能实验技术

隔声去耦性能实验主要包括声管中小样声学性能测试、实验室水池或压力水罐中大样声学性能测试，以及模型声学性能测试。其中，小样声学性能测试适用于设计初期阶段，能快速有效地检验小样品设计效果及声学性能参数；实验室水池或压力水罐中大样声学性能测试适用于隔声去耦覆盖层在大尺寸及声波在各种入射角度下的总体声学性能效果分析；模型声学性能测试适用于隔声去耦技术应用阶段的声学性能评估。本章主要介绍隔声去耦声管测试技术、大样测试技术和模型实验技术。

5.1　声管测试技术

5.1.1　隔声性能测试技术

目前，在空气中测量隔声量的方法主要有混响室法、阻抗管法（传递函数法）和自由场法[1-2]。混响室法是指在专门的隔声室内测量大小约为 $10m^2$ 的样品隔声量的方法，基本原理是通过测定混响室的混响时间来确定材料的隔声性能，测试原理如图 3-7 所示，目前已有相关国际标准做参考，是大尺寸材料隔声量测试的主要方法。阻抗管法主要通过对管中沿轴向传播的单频率平面声波在吸声材料表面反射而形成的驻波进行测量，从而确定隔声性能，它具有测试样品小、效率高等优点。自由场法不如前述两种方法常用，在此不多赘述，感兴趣的读者可自行查阅资料。

下面主要介绍两种常用的声管隔声量测量方法，即四传感器法与传递矩阵法。四传感器法来源于以前的三传感器测量方法。相比于三传感器测量方法，四传感器法的优点是提高了测量精度，特别是低频段的测量精度，可为理论研究以及工程研究提供可靠的测试手段。传递矩阵法是根据国家相关指导性文件中传声损失的测量而得来的，具有一定的指导意义。

1. 四传感器法

1）测量原理

四传感器法的原理如图 5-1 所示[3]，测试件两侧分别为声源管和接收管，信号发生器发出的信号，经扬声器转变为声波进入声源管后产生平面入射波 A，声波传递至测试件，一部分被测试件吸收，一部分被反射形成平面反射声波 B；一部分透过测试件，进入接收管，形成平面透射声波 C；平面透射声波遇吸声尖劈，一部分被吸收，一部分被反射形成平面反射声波 D。声源管和接收管分别装有两个传声器，用于测量所在位置处的声压。

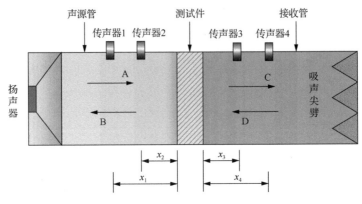

图 5-1 四传感器法原理图

根据管内平面声波传播公式，可得如下表达式：

$$p_1 = p_A e^{-jkx_1} + p_B e^{jkx_1} \tag{5-1}$$

$$p_2 = p_A e^{-jkx_2} + p_B e^{jkx_2} \tag{5-2}$$

$$p_3 = p_C e^{-jkx_3} + p_D e^{jkx_3} \tag{5-3}$$

$$p_4 = p_C e^{-jkx_4} + p_D e^{jkx_4} \tag{5-4}$$

式中，p_1、p_2、p_3、p_4 为传声器在位置 1、2、3 和 4 处测得的声压；p_A 为声源管内入射波在测试件前表面的声压；p_B 为声源管内反射波在测试件前表面的声压；p_C 为接收管内入射波在测试件后表面的声压；p_D 为接收管内反射波在测试件后表面的声压；x_1、x_2、x_3 和 x_4 分别是传声器距离测试件前后表面的距离；k 为波数，其表达式如下：

$$k = \frac{2\pi f}{c} \tag{5-5}$$

式中，f 为测试频率；c 为测试管中声波的传播速度，计算公式如下：

$$c = 343.2\sqrt{\frac{T}{293}} \tag{5-6}$$

式中，T 为空气温度。

$$p_A = \frac{1}{2j} \frac{p_2 e^{jkx_1} - p_1 e^{jkx_2}}{\sin\left[k(x_1 - x_2)\right]} \tag{5-7}$$

$$p_C = \frac{1}{2\mathrm{j}} \frac{p_3 \mathrm{e}^{\mathrm{j}kx_4} - p_4 \mathrm{e}^{\mathrm{j}kx_3}}{\sin[k(x_4 - x_3)]} \tag{5-8}$$

由此，可以根据声压透射系数 t_p 计算公式得到

$$t_p = \frac{p_C}{p_A} = \frac{\sin[k(x_1 - x_2)]}{\sin[k(x_4 - x_3)]} \frac{p_3 \mathrm{e}^{\mathrm{j}k(x_4 - x_3)} - p_4}{p_2 \mathrm{e}^{\mathrm{j}k(x_1 - x_2)} - p_1} \mathrm{e}^{\mathrm{j}k(x_3 - x_2)} \tag{5-9}$$

进一步地，隔声量为

$$\mathrm{TL} = -20\lg|t_p| \tag{5-10}$$

其中，声压透射系数计算公式（5-9）中的声压 p_1、p_2、p_3、p_4 是带有幅值和相位的矢量，表达式为 $p_i(i = 1,2,3,4) = A\mathrm{e}^{\mathrm{j}\theta}$，其中 A 与 θ 分别表示声压幅值和相位（$\theta = \omega t$）。若以其中溢出的声压为基准，则可在公式中约去作为基准声压的相位，而其他三个声压值中的相位变为与基准声压的相位差，即 $\omega\Delta t$。式（5-9）也可改写为

$$t_p = \frac{p_C}{p_A} = \frac{\sin[k(x_1 - x_2)]}{\sin[k(x_4 - x_3)]} \frac{A_3 \mathrm{e}^{\mathrm{j}(\omega\Delta t_3)} \mathrm{e}^{\mathrm{j}k(x_4 - x_3)} - A_4 \mathrm{e}^{\mathrm{j}(\omega\Delta t_4)}}{A_2 \mathrm{e}^{\mathrm{j}(\omega\Delta t_2)} \mathrm{e}^{-\mathrm{j}k(x_1 - x_2)} - A_1} \mathrm{e}^{\mathrm{j}k(x_3 - x_2)} \tag{5-11}$$

其中，A_1、A_2、A_3 和 A_4 分别代表 p_1、p_2、p_3、p_4 的声压幅值；$\omega\Delta t_2$、$\omega\Delta t_3$ 和 $\omega\Delta t_4$ 分别为 p_2、p_3、p_4 与 p_1 的相位差。

接下来，可以采用互谱计算得到相位差值 S_{12}。互谱计算公式为

$$S_{12} = F_1^*(\omega)F_2(\omega) \tag{5-12}$$

式中，$F_1^*(\omega)$ 表示 $F_1(\omega)$ 的复数共轭，F_1 是参考信号。

假设时域里某一信号为 $f(t)$，另一个具有相同频率的信号为 $kf(t - \Delta t)$，则后者信号的幅值是前者的 k 倍，时间移动了 Δt。根据傅里叶变换的时移性质，可知：

$$f(t) \rightarrow F(\omega)$$
$$kf(t - \Delta t) \rightarrow kF(\omega)\mathrm{e}^{\mathrm{j}\omega\Delta t} \tag{5-13}$$

那么，两信号进行互谱计算得到

$$S_{12} = [F(\omega)]^*[kF(\omega)\mathrm{e}^{\mathrm{j}\omega\Delta t}] = kF^*(\omega)F(\omega)\mathrm{e}^{\mathrm{j}\omega\Delta t} \tag{5-14}$$

式中，$kF^*(\omega)F(\omega)$ 是 S_{12} 的幅值；$\omega\Delta t$ 是互谱的相位。

2）测量装置

四传感器法的测量装置构造如图 5-1 所示，需要注意的是使用四传感器测量法对测试件隔声量进行测量时，样品的几何尺寸和安装是保证测试精度的一个重要因素。如果样品制作与驻波管安放样品位置处的尺寸要求不符，测量时会出现漏声现象，导致测得的隔声量变小，影响测量结果。为了防止此类问题发生，测试件安装部分的设计应该考虑此问题。

3）测量步骤

（1）记录下传声器位置 1、2、3 和 4 处所测声压，进行实时傅里叶变换。

（2）以位置 1 处的声压为参考信号，和位置 2、3 和 4 处的声压进行互谱计算，便可分别得到频谱上对应频率上的幅值和互谱中的相位。

（3）将计算出的幅值与相位代入式（5-9）中，计算出对应的声压透射系数。

（4）将声压透射系数代入式（5-10）中，便可得到被测试件对应频率上的隔声量。

使用四传感器法测量隔声量时，保证测试精度的关键是要保证四个测试通道频响的一致性，这样才能使对应的相位差值准确，因此对传声器及其传声器通道的要求比较高。

2. 传递矩阵法

在国家标准《声学 阻抗管中传声损失的测量 传递矩阵法》（GB/Z 27764—2011）[4]中规定了用传递矩阵法在阻抗管内测量声学材料或声学结构的法向入射隔声量测量方法（或称法向入射传声损失）。

1）测量原理

测试件安装在试件安置管中，管中的平面波由激励源产生，信号可以是无规噪声、伪随机序列噪声或线性调频脉冲。根据在前管中靠近测试件的两个位置上所测量的声压，可求得两个传声器信号的声压传递函数；与此同理，求得两个传声器信号的声压传递函数，由传递矩阵法计算测试件的法向入射透射系数、传声损失等相关声学量。

上述这些量都为频率的函数，频率分辨率取决于采样频率和数字采集分析系统的测量记录长度。有效频率范围与阻抗管的横向尺寸或直径及两个传声器的间距有关，通过调整阻抗管的横向尺寸或直径与传声器间距，可以得到较宽的测量频率范围。

有以下两种测量方法可供选择：①四传声器法（采用在固定位置上的 4 个传声器测量）；②单传声器法（采用一个传声器依次在 4 个位置上测量）。

传递矩阵反映的是材料及结构固有的物理特性，不随外界条件的改变而改变，可以将传递矩阵应用到声管测量中。不管管道末端是消声还是有反射，测试件的传递矩阵不变，进而可推导出一般情况（末端有反射）下的测量计算公式。因此，只要测量测试件前后四个传声器处的复声压即可计算出测试件的复透射系数和复反射系数。以厚度 d 的测试件为例，其前后表面的声压和振速的关系可以用传递矩阵来表示，如式（5-15）所示[5]。

$$\begin{bmatrix} p_0 \\ v_0 \end{bmatrix}_{x=0} = \begin{bmatrix} T_{11} & T_{12} \\ T_{21} & T_{22} \end{bmatrix} \begin{bmatrix} p_0 \\ v_0 \end{bmatrix}_{x=d}, \quad \begin{bmatrix} p_d \\ v_d \end{bmatrix}_{x=0} = \begin{bmatrix} T_{11} & T_{12} \\ T_{21} & T_{22} \end{bmatrix} \begin{bmatrix} p_d \\ v_d \end{bmatrix}_{x=d} \qquad (5\text{-}15)$$

式中，p_0、v_0 和 p_d、v_d 分别代表试件前、后表面的声压和质速。

将声管内四个测点测得的复声压值 p_1、p_2、p_3 和 p_4 代入式（5-7）～式（5-9），可以求出管内传播的四列波的波幅 p_i、p_r、p_t 及 p_{2r}：

$$p_i = \frac{p_2 \mathrm{e}^{-jkx_1} - p_1 \mathrm{e}^{-jkx_2}}{2j\sin\left[k(x_1 - x_2)\right]} \qquad (5\text{-}16)$$

$$p_r = \frac{p_1 \mathrm{e}^{-jkx_2} - p_2 \mathrm{e}^{-jkx_1}}{2j\left[\sin k(x_1 - x_2)\right]} \qquad (5\text{-}17)$$

$$p_t = \frac{p_3 \mathrm{e}^{jkx_4} - p_4 \mathrm{e}^{jkx_3}}{2j\left[\sin k(x_4 - x_3)\right]} \qquad (5\text{-}18)$$

$$p_{2r} = \frac{p_4 \mathrm{e}^{-jkx_3} - p_3 \mathrm{e}^{-jkx_4}}{2j\sin k\left[(x_4 - x_3)\right]} \qquad (5\text{-}19)$$

则在试件两界面上的声压和质速分别为

$$p_0 = p_i + p_r \qquad (5\text{-}20)$$

$$p_d = p_i \mathrm{e}^{-jkd} + p_{2r} \mathrm{e}^{jkd} \qquad (5\text{-}21)$$

$$v_0 = \frac{p_i - p_r}{\rho c} \qquad (5\text{-}22)$$

$$v_d = \frac{p_t \mathrm{e}^{-jkd} - p_r \mathrm{e}^{jkd}}{\rho c} \qquad (5\text{-}23)$$

进一步可求出用 p_0、v_0、p_d、v_d 表示的矩阵各元素的表达式：

$$T_{11} = \frac{p_0 v_0 + p_d v_d}{p_0 v_d + p_d v_0} \qquad (5\text{-}24)$$

$$T_{12} = \frac{p_0{}^2 - p_d{}^2}{p_0 v_d + p_d v_0} \qquad (5\text{-}25)$$

$$T_{21} = \frac{v_0{}^2 - v_d{}^2}{p_0 v_d + p_d v_0} \qquad (5\text{-}26)$$

$$T_{22} = \frac{p_0 v_0 + p_d v_d}{p_0 v_d + p_d v_0} \qquad (5\text{-}27)$$

则垂直入射声压复透射系数 t_p 为

$$t_p = \frac{2\mathrm{e}^{jkd}}{T_{11} + \dfrac{T_{12}}{\rho c} + \rho c T_{21} + T_{22}} \qquad (5\text{-}28)$$

2）测量装置

采用四传声器法的测试装置如图 5-2 所示，阻抗管分为前管、后管和试件安置管。前管一端接声源，另一端接试件安置管。后管一端接试件安置管，另一端为具有一定吸声性能的封闭端。传声器安装孔有 4 个，前管、后管各两个，沿管壁布置。阻抗管应平直，其横截面面积应均匀（直径或横截面尺寸的偏差在±0.2%以内），管壁应表面光滑、刚硬，且足够密实，以便它不被声信号激发起振动，在阻抗管工作频段内不出现共振。另外，阻抗管应足够长，以便在声源和测试件之间产生平面波。

把测试设备按图 5-2 组装好，正式使用前应由一系列实验做校验，帮助排除误差来源或达到最低要求。校验可分为两类：每次测试前和测试后的校验以及定期标定。无论进行何种校验，测量前扬声器应至少工作 10min 以使工作状态稳定。每次测试前和测试后的校验，涉及传声器响应的稳定性、温度测量和系统的信噪比检验。定期对空阻抗管进行标定，目的是确定传声器声中心位置和阻抗管中的衰减校正量。

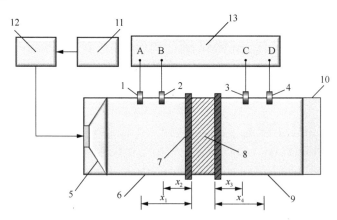

图 5-2　传递矩阵法测试装置与布局示意图

1-传声器 A；2-传声器 B；3-传声器 C；4-传声器 D；5-扬声器；6-前管；7-试件安置管；8-测试样品；
9-后管；10-后管吸声末端；11-功率放大器；12-信号发生器；13-频率分析器。

3）测量步骤

（1）按要求装好样品后，确定声学特性测量的基准面。

（2）根据测量管中温度 T（K），估算声速 c_0（m/s）与测量频率相应的波长 λ_0：

$$c_0 = 343.2\sqrt{\frac{T}{293}} \qquad (5-29)$$

$$\lambda_0 = \frac{c_0}{f} \qquad (5\text{-}30)$$

（3）选定信号幅度、信号频谱平均数、检查传声器响应失配并校正。

（4）测量四测点处的复声压值，根据式（5-19）～式（5-30）求得传递矩阵中各系数。

（5）将求得的系数值代入式（5-9）中可求得复透射系数 t_p。

（6）测定传声损失 TL（dB）：

$$TL = 20\lg\left|\frac{1}{t_p}\right| \qquad (5\text{-}31)$$

5.1.2　吸声性能测试技术

在隔声去耦覆盖层设计初期，为了测试其吸声性能并得到声学性能参数，通常采用声管中小样品声学性能测试技术，该技术可以快速有效地检验隔声去耦覆盖层的设计效果，为隔声去耦覆盖层的优化设计提供依据。下面主要介绍了两种分别适用于高频与低频声学性能参数的声管测量方法。

1. 声脉冲法

声脉冲法主要是在水声声管内采用脉冲声在稳态平面波条件下测量水声材料试件的复反射系数，通常应用于高频声管的测试，所以高频声管也常被称为脉冲管。国家标准《声学　水声材料纵波声速和衰减系数的测量　脉冲管法》（GB/T 5266—2006）[6]中规定了在刚性厚壁管内，用脉冲声技术在稳态平面波条件下测量水声材料试件复反射系数、计算试件材料纵波声速和衰减系数的方法。

1）测量装置与原理

声脉冲法的模拟测量装置由声管、收发两用换能器和发送、接收及测量设备组成，传统模拟测量装置如图 5-3（a）所示。将试件与换能器分别置于声管的两端，换能器向声管中发射脉冲调制的正弦波，经声管一端测试件的反射，再由同一换能器接收反射波，通过比较测试件和全反射器反射回来的反射波声压幅值和相位，测量试件复反射系数的模和相位。

图 5-3（b）是目前常用的声脉冲法数字测量装置，不同于声脉冲法的传统模拟测量装置，该装置的电子测量设备由函数发生器、功率放大器、收发转换器、带通滤波器、信号采集器和计算机等组成。测量过程中的脉冲波波形如图 5-4 所示。

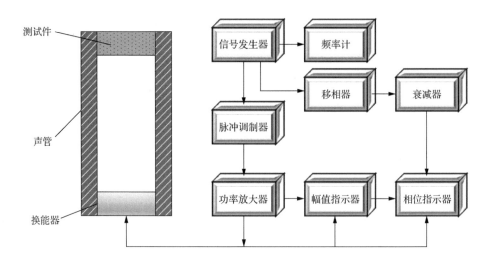

（a）传统模拟测量装置框图

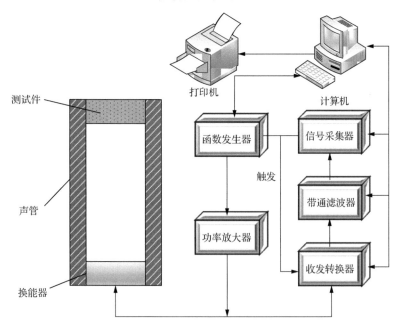

（b）数字测量装置框图

图 5-3　声脉冲法测量装置框

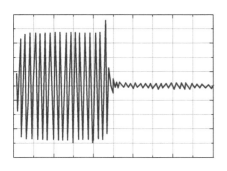

（a）调制过的输入正弦波脉冲波

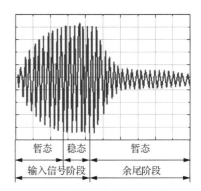

（b）接收装置收到的声脉冲波

图 5-4　声脉冲法中输入和接收到的脉冲波

2）测量步骤

以采用传统模拟测量装置为例。

（1）换能器向管中发射声波，声波经脉冲管另一端的试件或标准反射体反射，由同一换能器接收，要求系统的测量信噪比应不小于 20dB。

（2）在测量频率点上，用幅值指示器、相位指示器和移相器分别测出与待背衬试件的反射脉冲相对应的电信号幅值 A_1 与相位 φ_1，以及与标准反射体反脉冲相对应的电信号幅值 A_0 与相位 φ_0。

（3）对于声学软末端按照式（5-32）、式（5-33）、式（5-34）分别计算复反射系数的模和相位，对于声学硬末端按式（5-32）及式（5-35）计算复反射系数的模和相位。

复反射系数的模：

$$|R| = \frac{A_1}{A_0} \qquad (5\text{-}32)$$

式中，A_1 和 A_0 为放与不放试件时第一次放射脉冲的模。

对于空气背衬：

$$\varphi = \varphi_1 - \varphi_0 + 180 + \frac{720 f \Delta l}{c_w} \qquad (5\text{-}33)$$

式中，

$$\Delta l = \left(1 - \frac{D^2}{D_0^2}\right) d \qquad (5\text{-}34)$$

对于刚性背衬：

$$\varphi = \varphi_1 - \varphi_0 + \frac{720 f \Delta l}{c_w} \qquad (5\text{-}35)$$

式（5-33）～式（5-35）中 φ_1 和 φ_1 为放测试件与不放测试件时第一次放射脉冲的相位采用数字装置的测量步骤与模拟装置基本相同，但需要将测量的第二步改为：在测量频率点上，应用信号采集器，先测量并记录带背衬试件的反射信号所相对应的电信号，然后测量并记录与反射器的反射信号相对应的电信号，经离散傅里叶变换（discrete Fourier transform，DFT）处理后得到相应的幅度 (A_1, A_0) 和相位 (φ_1, φ_0)。

2. 双水听器传递函数法

低频测量时，由于低频声管内径大，采用声脉冲法测量，需要大大增加声管的长度，这显然很难做到。采用双水听器传递函数法不仅可以解决声管的低频测试问题，而且可以实现高静水压下低频宽带快速测量。另外，测试件吸声性能越好，此法的测试精度就越高。

1）测量装置与原理

双水听器传递函数法是用两个水听器同时独立地测量声压，将声场分解为一列向正 z 方向行进的入射波和一列向负 z 方向行进的反射波[7]，利用两个水听器测得的声压和相位求得双水听器间的传递函数，根据传递函数和双水听器的安装位置可以得到试件的复反射系数。仪器设备安装如图 5-5 所示[8]，被测样品安装在声管顶端，声管底端设吸声尖劈，减少声管底部的反射声波。

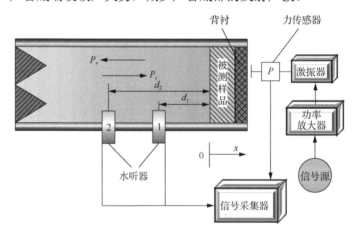

图 5-5 双水听器法测量装置

2）测量步骤

被测样品受到激振器的激励而产生振动，同时向声管中辐射声波。两个水听器间距为 $d_{12} = d_2 - d_1$，被安装于声管内，水听器到被测样品表面的距离分别为 d_1 和 d_2。假定管中没有液体流动，并忽略水中声波的衰减。用两个水听器同时独立地测量声压，从而推得被测样品的复反射系数 $|R| \cdot e^{j\varphi}$ [9]为

$$|R| \cdot \mathrm{e}^{\mathrm{j}\varphi} = \frac{H_{12} \cdot \mathrm{e}^{\mathrm{j}\varphi} \cdot \mathrm{e}^{\mathrm{j}kd_1} - \mathrm{e}^{\mathrm{j}kd_2}}{\mathrm{e}^{-\mathrm{j}kd_1} - H_{12}\mathrm{e}^{\mathrm{j}\theta}\mathrm{e}^{-\mathrm{j}kd_1}} \qquad (5\text{-}36)$$

式中，$|R|$ 为复反射系数的模，φ 为其相位；H_{12} 为声压传递函数的模，θ 为其相位。令 φ_1 与 φ_2 分别为两个水听器测得声压 p_1 和 p_2 的相位，则

$$H_{12}\mathrm{e}^{\mathrm{j}\theta} = \frac{p_2}{p_1} = \frac{|p_2|}{|p_1|}\mathrm{e}^{\mathrm{j}(\varphi_2 - \varphi_1)} \qquad (5\text{-}37)$$

由式（5-36）、式（5-37）可知，反射系数值可以根据双水听器间的传递函数 $H_{12}\mathrm{e}^{\mathrm{j}\theta}$ 及双水听器安装位置参数 d_1 和 d_2 计算出来，而传递函数则可由双水听器测得的复声压值求出。

除此之外，水下材料声学性能低频测试方法还有驻波管法[10]和行波管法[11]。驻波管法是根据声管中驻波的分布特点，利用传动装置寻找出声场中的最大声压和最小声压，由驻波比计算出材料的反射系数。该方法简单实用，测量精度较高[12]，但需要测量管内驻波的最大值和最小值的位置，一般只能进行常压单频测量，对传动装置的精度也有较高要求，因此逐渐被淘汰[13]。用行波管法测量时，被测样品置于声管中央，声管两端为一对发射器。应用主动消声技术在管中建立行波声场，使透过被测样品的声波在声管端口的反射可忽略，然后采集样品前后声场中的水听器组信号，计算出样品的反射系数和透射系数，测试频率约为100～4000Hz[14]。由于行波管法测量精度取决于行波管的声场水平，因此对主动消声技术要求较高，装置也较复杂，校准困难[15]。

3. 背衬对吸声性能测试的影响

在隔声去耦覆盖层吸声系数测试过程中，要求实验研究结果能比较真实地反映工程实际应用效果，这对实验研究往往提出更高标准的要求。因此，在吸声性能测试过程中应该考虑背衬对吸声性能测试结果的影响。在声管中测量水声材料被测样品的复反射系数时，不仅要保证管内声场为稳态平面波，而且还要保证被测样品的背衬为全反射，这样才能使到达被测样品背部的声波能量全部返回。然而，对于实际的被测样品而言，所有的实际背衬都有限制且与频率有关。背衬参与结构的谐振，因此很难得到理想背衬（空气背衬的阻抗为零，绝对硬刚性背衬的阻抗为无穷大）。

图 5-6 给出了变截面圆柱形空腔吸声结构测试件在不同背衬（刚性背衬、软背衬、单层壳体、双层壳体）下的吸声系数曲线[16]。从图中可知，背衬对吸声系数有很大的影响。在双层壳体背衬的条件下，其调制现象很弱，其包络线变化趋势与刚性背衬条件下的吸声曲线相似。在单层壳体的情况下，虽然水层在吸声曲线上有明显的调制现象，但其包络线变化趋势仍然与刚性背衬条件下的吸声曲线类似。因此，虽然在实验室声测管实验中很难模拟真实的艇况，但如果能选择接近刚性边界的背衬，它仍然可以较为合理地反映实际使用时的性能。图 5-7

给出了变截面圆柱形空腔样品在刚性背衬厚度系数下的吸声系数，从图中可以看出如果只使用薄钢板、尼龙背衬（软背衬），测试数据将与实艇敷设的情况有很大出入。因此，为了获得与真实状况类似的吸声系数，最简单有效的方法是用厚的钢柱来近似模拟刚性边界。测量时选用多厚的钢柱来模拟刚性边界条件，可以参考图5-7[16]。

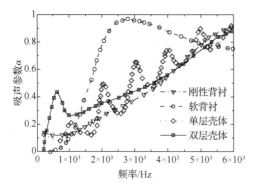 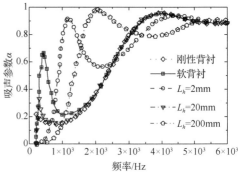

图 5-6 四种不同背衬条件下吸声系数曲线　　图 5-7 钢柱厚度对吸声系数的影响

5.2 大样测试技术

在隔声去耦覆盖层研制的初期阶段，声管中的小样声学性能测量可以快速有效地检验隔声去耦覆盖层的设计效果及声学性能参数，为进一步优化设计提供依据。但是，其只能反映声波垂直入射时的吸声效果，为了综合反映大尺寸及声波在各种入射角度下的总体声学性能效果，有必要开展实验室水池或大型压力消声水罐中的隔声去耦覆盖层大样声学性能测试。

5.2.1 大型压力消声水罐大样测试技术

1. 实验测试装置

图 5-8 给出了大型压力消声水罐系统的示意图，罐体四周敷设吸声尖劈来模拟自由场环境，但吸声尖劈在低频段的吸声性能有限导致该测量环境在低频段是一个混响环境。水罐顶端设有两个罐口用于水下实验设备吊放。除了罐体以外，还需要信号采集器、独立控制信号发生器、功率放大器、滤波放大器、升降回转装置、水听器阵、发射换能器阵等。此外，试件、水听器阵、发射换能器阵需要通过吊装[17]，主要由三部分组成：①发射换能器阵吊放，使用吊车把发射换能器阵从右侧罐口吊入罐体内部，并将其固定在罐底可移动支架上，使发射换能器阵

的圆心位置与罐体深度方向上的中心保持一致；②水听器阵吊放，把水听器阵固定在左侧罐口的小车上，通过移动小车可以调整水听器与发射换能器阵和试件的距离；③试件吊放，使用吊车直接把钢板吊放在罐口位置，通过调节升降回转装置来调整试件在水下的深度。

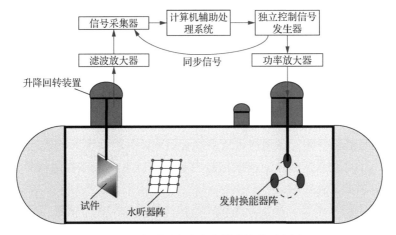

图 5-8　大型压力消声水罐系统的示意图

2. 声学测试原理

下面以低频反射系数测量为例来介绍大型压力消声水罐的声学测试原理，可以分为 3 个部分：基于多通道逆滤波技术的信号采集、反射波重构和时反聚焦计算反射系数[17]。

1）基于多通道逆滤波技术的信号采集

在低频反射系数测量方法中，多通道逆滤波技术的主要作用是利用其声场聚焦的特点，把水听器矩阵构造成收发合置阵。固定发射换能器阵位置，设用于构造收发合置阵的水听器阵的位置为 x_1。在没有放置试件的情况下，收发合置阵的过程如下。

（1）估计信道响应。控制信号发生器阵依次发射初始发射信号 $\delta(t)$，记录水听器阵上所有水听器接收到的信号并估计对应的信道响应，记为 $h_{ij}(t)$。其中，$i=1,2,\cdots$ 表示水听器编号，$j=1,2,\cdots$ 表示信号发生器编号。

（2）求解逆滤波器系数。假设把第 i_0 号水听器定为目标位置，把信号发生器到该目标位置的信道称为通道。把每个通道间的信道响应的互相关以及每个通道的信号响应和 $\delta(t)$ 互相关，并求解每个通道的逆滤波器系数。对水听器阵上的所有水听器重复上述步骤，把第 j 个信号发生器到第 i 个水听器的逆滤波器系数记为 $g_{ij}(t)$。

（3）多声源同时发射。设计目标信号 $x(t)$，并把步骤（2）中求解的逆滤波器系数假设在目标信号上生成对应的二次发射信号 $s_{ij}(t)$，信号发生器同时发射二次发射信号 $s_{ij}(t)$，在第 i 个水听器上形成虚源，记录接收信号为 $y_{ki}(t)$。其中，$k=1,2,\cdots$ 表示水听器编号，$i=1,2,\cdots$ 表示作为虚源的水听器编号。对水听器阵上的所有水听器重复上述步骤。

通过上述 3 个步骤，可以分别使水听器阵上每个水听器成为虚源，使只具备接收功能的水听器阵变成收发合置阵。对于反射波重构技术和时反聚焦技术所需接收阵上的反射波和入射波，下面进行信号采集。这里假设试件位置为 x_2，并把位置 x_1 和 x_2 处的水听器阵分别记为阵列 1 和阵列 2。阵列 1 上水听器的反射波采集步骤如下。

（i）参考信号采集。在消声水罐中没有吊放试件的情况下，信号发生器同时发射信号 $s_{ij}(t)$，记录阵列 1 上接收信号为 $y_{ki}^c(t)$，上标 c 表示参考信号。对阵列 1 上所有水听器重复此步骤。

（ii）样本信号采集。在消声水罐中吊放试件的情况下，重复步骤（i），记录接收信号为 $y_{ki}^y(t)$，上标 y 表示样本信号。

（iii）反射波信号计算。把步骤（ii）中的样本信号和步骤（i）中的参考信号做差得到反射波信号，记为 $u_{ki}^r(x_1,t)$。

在得到阵列 1 上的反射波信号后，下一步需要测量阵列 2 上的入射波信号。首先通过调整小车位置把水听器阵从阵列 1 挪到阵列 2 的位置；其次在消声水罐中没有吊放试件的情况下，信号发生器同时发射信号 $s_{ij}(t)$，记录阵列 2 上接收信号为 $u_{ki}^i(x_2,t)$；最后遍历 i 重复此步骤。

2）反射波重构

试件表面反射波重构的关键是如何确定重构反射源的位置。由于阵列 2 的位置和试件吊放位置重合，所以实验使用阵列 2 上的不同位置的水听器来确定重构的反射源位置。下面介绍反射波重构的具体过程。

（1）计算时延信号。确定第 m_0 个点为需要重建的反射源，计算阵列 1 上各水听器到该点的距离 $d_{m_0 k}$ 和夹角 $\phi_{m_0 k}$；确定阵列 1 上第 i_0 个虚源，计算反射波时延信号 $u_{ki_0}^r(x_1,t+d_{mk}/c)$。

（2）计算时延信号的时间求导项。对步骤（1）中的时延信号进行时间求导。

（3）遍历阵列 1 上所有水听器，对步骤（1）和步骤（2）的计算结果进行求和，得到阵列 1 上第 i_0 个虚源发射信号后试件表面第 m_0 个反射源处的反射波 $u_{m_0 i_0}^r(x_2,t)$。

（4）遍历阵列 1 上所有虚源，重复步骤（1）（2）和（3），得到重构的反射波 $u_{m_0 i}^r(x_2,t)$。

（5）遍历钢板表面所有反射源，重复步骤（1）（2），得到重构的反射波 $u_{mi}^r(x_2,t)$。

3）时反聚焦计算反射系数

为了抑制反射波中混响干扰，采用时反操作将重构反射波重新聚焦到试件表面。结合信号采集和反射波重构过程中的入射波 $u_{mi}^i(x_2,t)$ 和重构反射波 $u_{mi}^r(x_2,t)$ 得到反射系数计算公式：

$$f_r = \frac{\sum u_{mi}^r(x_2,t) \otimes u_{mi}^i(x_2,t)}{\sum u_{mi}^i(x_2,t) \otimes u_{mi}^i(x_2,t)} \tag{5-38}$$

式中，m 表示在试件表面重新聚焦的虚源的编号。

3. 实验测试步骤

根据实验原理，具体实验测试步骤可以归结如下：①声场聚焦。在将被测试件置于消声水罐中之前，使用多通道逆滤波技术进行声场聚焦。②重构反射波。采用反射波重构技术重构试件表面的反射波，即把接收阵 1 上的反射波反推到试件表面。③数值时重构反射波。数值时重构反射波也就是将信号重新聚焦到试件表面。

5.2.2 实验室水池大样测试技术

1. 实验测试装置

实验室水池系统示意图如图 5-9 所示，实验测试装置主要由激振器、功率放大器、信号发生器、力传感器、加速度传感器、信号采集器、多通道铝箔信号调理放大器、ICP 加速度信号调理器等设备组成，水池壁及水面（共六面）均未进行消声处理。测试仪器系统框图如图 5-10（a）所示，测量得到的数据通过采样系统进行采样存储，实验后通过软件进行数据处理和计算。数据采集方式如图 5-10（b）所示，可以概括如下：水听器采集到的噪声信号、加速度传感器采集到的振动信号，分别经过多通道铝箔信号调理放大器和 ICP 加速度信号调理器处理，再传送给信号采集器，使用计算机进行数据处理。

对于结构振动测量而言，振动测量需要的装置主要包括激振器、功率放大器、力传感器、加速度传感器、数据采集前端、采集与分析软件、加速度传感器校准仪等设备。激振器、功率放大器、信号发生器、力传感器组成了激振系统，信号发生器发出单频激振或白噪声激振信号，信号经功率放大器放大后输送到激振器，转换为激振力，激起模型的振动。力传感器主要记录激振器对模型的激振力；加速度传感器用于纪录各测点的加速度信号，加速度信号经加速度信号调理后进入数据采集系统。

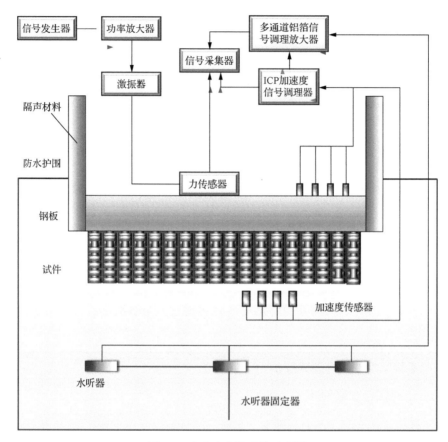

图 5-9　实验室水池系统示意图

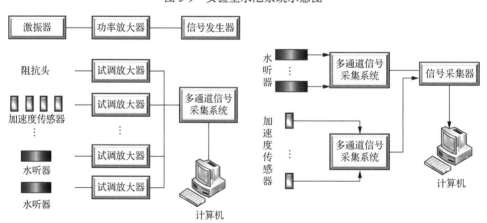

（a）测试仪器系统框图　　　　　　　　　（b）数据采集方式示意图

图 5-10　测试仪器系统与数据采集方式示意图

对于结构声辐射测量而言，主要测量结构模型辐射到水中的噪声，其噪声测量过程中需要的测试装置除了信号采集装置不一样，其余基本和振动测量类似。在振动测量时，主要采用加速度传感器来记录各测点的加速度信号。而在噪声测量中，主要采用水听器固定支架固定的水听器阵来记录各测点的噪声信号，并通过改变水听器的固定支架与试件之间的距离，来实现对模型在不同水深处的声场测量。

2. 振动及声辐射测试原理

振动及声辐射测试原理如图 5-11 所示，主要通过测量敷设前后的振动与声辐射水平来完成。激振器及模型采用钢丝绳弹性吊装于水面附近，使隔声去耦覆盖层没于水面以下，受限于消声水池的尺寸，在距离测试模型水中正下方正对模型布放标准水听器阵，用于测量试件的水下声压。激振器对模型结构施加单频激励及白噪声激励，测量各加速度计与水听器信号，进而测得考核部位振动及水下声压。

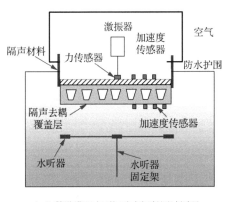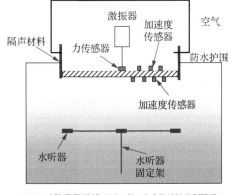

(a) 敷设模型水下振动声辐射测试原理　　　(b) 不敷设敷设模型水下振动声辐射测试原理

图 5-11　振动及声辐射测试原理

1) 振动测试原理

在实验过程中，激振器通过基座向模型施加单频激励或白噪声激励载荷，由校准声源向模型发射空气噪声激励。激振器施加载荷时，通过激振杆末端的力传感器测量激振力的大小，测量信号由数据采集前端实时传递，通过计算机进行监视并实时调节激振力的幅值。当激振力达到要求值时，同时采集各测点加速度的时域信号并存储于磁盘上，并对测试的时域信号作频谱分析或总加速度级计算，得出与激振频率对应的加速度响应幅值，再换算成速度幅值。由声源进行激励时，结构的振动响应也是由布置于模型中的振动加速度计测量的，得出

与激振频段相对应的加速度均方。计算试件表面的振动均方速度 L_v 时，将速度
分布在表面上进行面积平均：

$$v_s = \frac{1}{s}\sum_{i=1}^{n} v_i s_i, \ L_v = 10\lg\frac{v_i^2}{v_0^2} \tag{5-39}$$

式中，n 为测点数目；s 为被测面表面积；i 为测点编号；v_i、s_i 分别为测点 i 对应
的速度和面积，速度级中的基准速度为 $v_0 = 10^{-9}\,\text{m/s}$。

2）声辐射测试原理

主要测量结构模型向水中辐射的噪声，采用水听器测量模型向水中辐射的
声压，测试原理与振动测试类似。声辐射测量时，噪声频带声压级用式（5-40）
计算：

$$L_{pf} = 20\lg\frac{U_i}{U_0} - M_0 - K \tag{5-40}$$

式中，L_{pf} 为 1/3 倍频程带宽的噪声声压级，单位为 dB；U_i 为测量系统的输出电
压，单位 V；U_0 为基准电压，取 1V；M_0 为测量水听器的自由场电压灵敏度，单
位 dB（基准值：1V/μPa）；K 为测量系统的增益，单位为 dB。

噪声声压谱密度级用式（5-41）计算：

$$L_{ps} = L_{pf} - 10\lg\Delta f \tag{5-41}$$

式中，L_{ps} 为水下噪声声压谱密度级，单位为 dB；Δf 为带通滤波器的有效带宽，
单位为 Hz，对于 1/3 倍频程滤波器 $\Delta f = 0.23 f_0$，f_0 为滤波器中心频率，单位为 Hz。

3. 实验测试步骤

下面以加筋板架为例，对实验室水池大样声学测试实验的测试步骤进行简单
介绍。

1）模型设计

模型设计主要包括隔声去耦覆盖层的结构设计以及被测试件设计，一般采用
钢板作为背衬基体；综合考量实验室水池的几何尺寸和实验环境，合理设计模型。

2）检查实验设备

实验测试设备主要由振器、功率放大器、信号发生器、力传感器、加速度传
感器、数据采集系统、加速度计校准仪等设备组成，水池壁及水面（共六面）均
未进行消声处理。在进行模型的大样测试之前，应当检查各项实验设备的安全性
和运行效果。

3）实验工况设置

实验工况应充分体现实验目的，即通过对比分析来综合评价大尺寸隔声去耦
覆盖层的减振降噪效果，并研究结构形式对模型振动和声辐射的影响，加筋板架

结构的具体工况见表 5-1。在第二种工况下，应测试不同厚度的钢板对大样隔声去耦覆盖层声辐射的影响，并给出影响规律，为舰船敷设提供指导。在每种工况下，都使用两种激励方式来激励模型，即激励器的单频激励和激励器的白噪声信号。

表 5-1　实验工况

工况	工况描述	简称
工况一	加筋板不敷设隔声去耦覆盖层	不敷设
工况二	加筋板敷设隔声去耦覆盖层	敷设

4）敷设隔声去耦覆盖层的大样测试

正如实验原理所述，将激振器及模型采用钢丝绳弹性吊装于水面附近，使隔声去耦覆盖层没于水面以下，通过激振器对模型结构施加单频激励及白噪声激励，通过标准水听器阵获得考核部位的水下声压，通过加速度传感器获得试件干表面及湿表面考核部位的加速度信号。

5）不敷设隔声去耦覆盖层的大样测试

与敷设隔声去耦覆盖层的大样测试原理类似，唯一区别在于板架结构未敷设隔声去耦覆盖层，具体实验测试区别参考图 5-11，采用同样的标准水听器和加速度传感器即可获得考核部位的振动和水下声压。

6）对比并分析测试结果

比较敷设隔声去耦覆盖层前后模型的振动加速度及水下考核点声压，测量隔声去耦覆盖层敷设前后模型湿表面的振动加速度级、钢板表面和隔声去耦覆盖层的表面加速度落差级，以及水下考核点的声压级等声学性能指标，这样便得到隔声去耦覆盖层的振动与声学性能。

5.2.3　板架水池大样测试技术

第 5.2.1～5.2.2 小节阐述了大样测试技术的技术原理和实验步骤，本小节将以典型板架结构为例，来详细介绍隔声去耦覆盖层的大样测试实验。

1. 模型设计

由于板架测试的模型为平板型结构，故可以将平钢板作为背衬基体。实验时，为了模拟舰船结构，采用由边长为 1.2m，厚度为 4mm 的方形加筋钢板组成的背衬，增设了方形加筋板架隔声防水护围结构，加筋板架模型如图 5-12 所示。

图 5-12　加筋板架模型

将隔声去耦覆盖层敷设于加筋板架模型上,便可得到敷设隔声去耦覆盖层的板架测试模型,敷设隔声去耦覆盖层后的板架示意图及实物图如图 5-13 所示。

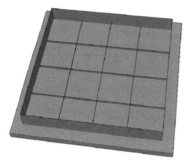
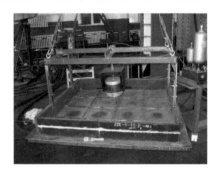

（a）板架结构敷设隔声去耦覆盖层示意图　　　（b）敷设隔声去耦覆盖层的板架结构实物图

图 5-13　敷设隔声去耦覆盖层后的板架示意图及实物图

2. 实验测试装置

具体测试装置如图 5-9 所示,实验水池长 50m、宽 30m、深 10m,水池壁及水面(共六面)均未进行消声处理。测试仪器系统框图如图 5-10（a）所示,加速度传感器的分布图和安装图如图 5-14 和图 5-15 所示,图 5-16、图 5-17 分别为水听器的布置图、实物及安装图。

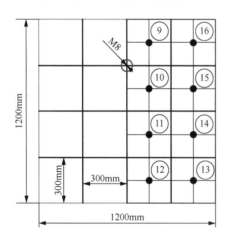
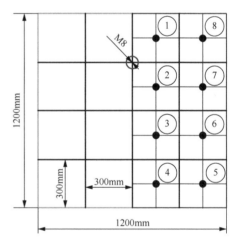

（a）加筋板架背面加速度传感器布置图　　　（b）隔声去耦覆盖层湿表面加速度传感器布置图

图 5-14　加速度传感器布置图

（a）加筋板架背面加速度传感器安装图　　　　（b）隔声去耦覆盖层湿表面加速度传感器安装图

图 5-15　加速度传感器安装图

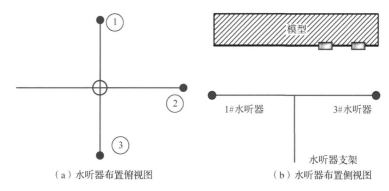

（a）水听器布置俯视图　　　　　　　　（b）水听器布置侧视图

图 5-16　水听器布置示意图

（a）水听器实物图　　　　　　　　　　（b）水听器安装图

图 5-17　水听器实物及安装图

3. 实验工况设置

具体实验工况参照表 5-1，实验激振频率如表 5-2 所示。

表 5-2　激振方式

激振方式	激振频率/Hz	激振力大小
激振器单频激振	20、40、80、100、124、160、200、240、315	10N
	400、1000、2000、4000	
激振器白噪声激振	20~300（白噪声信号）	3A（激励电流）
	300~700（白噪声信号）	2A（激励电流）
	1.2000~1.7000（白噪声信号）	1A（激励电流）
	20000~4000（白噪声信号）	1A（激励电流）

采用 3 个标准水听器组成的水听器阵，并将其布放于距离测试模型水中正下方 6m 处，按照第 5.2.2 小节中介绍的测量步骤进行操作，测量敷设隔声去耦覆盖层前后的板架振动和水下声辐射。

4. 测试结果及分析

为了客观准确地分析隔声去耦覆盖层的减振降噪效果和声学性能，根据隔声去耦覆盖层的工作机理，定义了其去耦系数、减振系数、隔振系数及辐射面振动插入损失等声学性能评价指标体系，并依此指标体系对隔声去耦覆盖层的性能进行评价。

去耦系数 NR_t：主要用于描述结构敷设隔声去耦覆盖层前后对水中考核点声压变化的影响，用于评价隔声去耦覆盖层抑制水下辐射噪声的能力，其定义公式参考式（2-34）。

减振系数 $VR_{s\text{-}s}$：主要反映隔声去耦覆盖层对结构的减振效果。它的定义公式如下：

$$VR_{s\text{-}s} = 10\lg\frac{\bar{v}_{\text{steel,bare}}^2}{\bar{v}_{\text{steel,coated}}^2} \text{ 或 } VR_{s\text{-}s} = 10\lg\frac{\bar{a}_{\text{steel,bare}}^2}{\bar{a}_{\text{steel,coated}}^2} \tag{5-42}$$

式中，$\bar{v}_{\text{steel,bare}}^2$ 和 $\bar{v}_{\text{steel,coated}}^2$ 分别为敷设隔声去耦覆盖层前后，加筋板架各测点的振动均方速度；$\bar{a}_{\text{steel,bare}}^2$ 和 $\bar{a}_{\text{steel,coated}}^2$ 分别为敷设隔声去耦覆盖层前后，加筋板架各测点的均方加速度。

隔振系数 $VR_{s\text{-}c}$：主要反映隔声去耦覆盖层的隔振效果。其定义公式如下：

$$VR_{s\text{-}c} = 10\lg\frac{\bar{v}_{\text{steel,coated}}^2}{\bar{v}_{\text{rubber,coated}}^2} \tag{5-43}$$

式中，$\bar{v}_{\text{steel,coated}}^2$ 和 $\bar{v}_{\text{rubber,coated}}^2$ 分别为敷设隔声去耦覆盖层前后，加筋板架各测点的振动均方速度。

辐射面振动插入损失 $IR_{s\text{-}c\text{-}w}$：主要间接衡量隔声去耦覆盖层的降噪效果，反映隔声去耦覆盖层的去耦性能。一般情况下，辐射面振动插入损失越大，其降低水下辐射噪声的效果越好。辐射面振动插入损失 $IR_{s\text{-}c\text{-}w}$ 的定义公式如下：

$$IR_{s\text{-}c\text{-}w} = 10\lg \frac{\overline{v}^2_{\text{steel,bare}}}{\overline{v}^2_{\text{rubber,coated}}} \tag{5-44}$$

式中，$\overline{v}^2_{\text{steel,bare}}$ 分别代表敷设隔声去耦覆盖层前后，加筋板架湿表面振动均方速度（加速度）。

由于单频激振实验中，在每个激振频率下，力传感器的输出值大小都有一定的差异，为了便于对比分析，一般将测试结果进行归一化和平均化处理：归一化处理是将每个评估量转换为单位激扰力下的振动响应；平均化处理是指将相同考核量（振动加速度、水下声压等参数）采用两次实验平均及空间平均的方法进行处理。

图 5-18～图 5-21 给出了敷设隔声去耦覆盖层前后，在单位正弦激励载荷下，实验模型典型考核部位振动加速度级（L_a）及声压级（L_p）的对比曲线，其中加速度参考值为 $a_0 = 1 \times 10^{-6}\,\text{m/s}^2$，参考声压为 $p_0 = 1 \times 10^{-6}\,\text{Pa}$。通过实验结果可知，隔声去耦覆盖层敷设前后，模型结构的振动和声辐射发生了较大变化，且不同频率下隔声去耦覆盖层对模型结构振动和声辐射的影响也不相同。在低频段时，隔声去耦覆盖层的减振降噪效果较差，但随着频率的增大，隔声去耦覆盖层的性能逐渐显现，频率越高效果越明显。

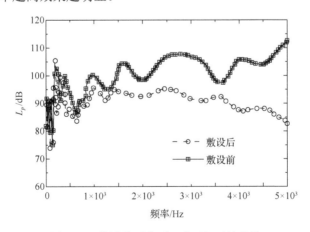

图 5-18   敷设前后水听器声压级对比曲线

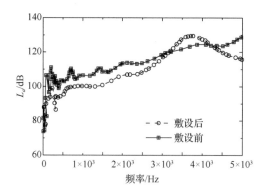

图 5-19　敷设前后钢板振动加速度级对比曲线

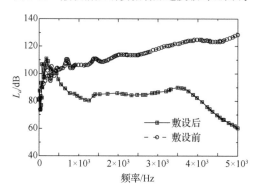

图 5-20　敷设前后模型湿表面振动加速度级对比曲线

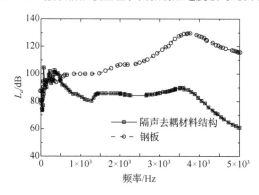

图 5-21　敷设隔声去耦覆盖层后钢板及隔声去耦覆盖层表面振动加速度级对比曲线

　　为了更直观地说明隔声去耦覆盖层减振、降噪的性能，图 5-22～图 5-25 给出了敷设隔声去耦覆盖层前后几种考核指标的曲线图。图中均方声压及均方加速度为敷设隔声去耦覆盖层前后相应考核点评价指标的均方处理结果，average 代表相应考核点评价指标在对应频率的平均值。

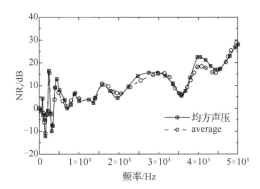

图 5-22　隔声去耦覆盖层去耦系数 NR_t 曲线

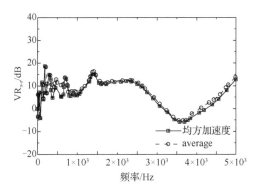

图 5-23　隔声去耦覆盖层减振系数 $VR_{s\text{-}s}$ 曲线

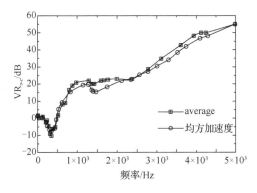

图 5-24　隔声去耦覆盖层隔振系数 $VR_{s\text{-}c}$ 曲线

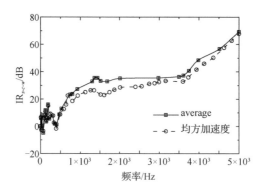

图 5-25　隔声去耦覆盖层辐射面振动插入损失 $\mathrm{IR}_{s\text{-}c\text{-}w}$ 曲线

5.3　模型实验技术

　　第 5.2 节给出了敷设隔声去耦覆盖层板架的声学测试数据，是结构近似为圆柱壳体的振动辐射测试，仅仅适用于壳体曲率对声辐射的影响忽略不计的情况。由于舰艇自身形状的原因，其壳体曲率对声辐射的影响不能完全忽略不计，因此敷设隔声去耦覆盖层板架大样声学测试结果并不能从物理本质上去指导隔声去耦覆盖层在舰艇壳体减振降噪上的应用，下面介绍隔声去耦覆盖层模型实验技术。

5.3.1　模型设计方法

　　测试模型的设计要充分体现模拟舰船结构的目的，同时还需要兼顾模型的制造工艺和实验的场地条件。模型实验的主要目的是等效模拟舰船实际结构的振动声辐射性能，以此获得隔声去耦覆盖层在实艇结构应用上的减振降噪性能。因此测试模型一般是基于模型实验相似原理来进行设计的，主要需要考虑几何相似、环境相似、结构相似等因素[18]。由于模型实验的环境通过实验水池近似获得，因此下面主要需要考虑几何相似和结构相似。下面以壳体结构为例阐述模型设计原则，其主要设计思路如图 5-26 所示[19]。①选取模型缩尺比：严格来说，测试模型最好与研究对象具有相同的尺寸，才能最接近实际的测试工况，但是由于费效比和条件的限制，设计尺寸和精度不可能完全等同于实际测试。考核隔声去耦覆盖层性能的对比实验，采用相对比例的缩比模型，在合理的优化设计下可以得到较为理想的对比实验效果，因此测试模型应该有一定的缩尺比。②确定模型结构形式：根据实际研究对象的结构分布位置与结构形式，结合制造加工成本，选取合理的模型结构形式。③确定模型长度：在确定模型比例尺和结构形式之后，为了便于模拟实际的边界条件，一般需要在模型外端延伸部分结构。④结构间的连接形式：为了尽可能真实地模拟研究对象，参照实际研究对象，选取合理的连接方式组合各结构件。⑤基座设计：基座在实验中主要受到激振器激励载荷的作用，并将其平稳地传递到整个模型上。⑥其他部件的设计：根据实验要求，参照有关设计规范进行其他部件的设计。⑦敷设隔声去耦覆盖层：参照实验研究对象的敷设要求给测试模型敷设隔声去耦覆盖层。

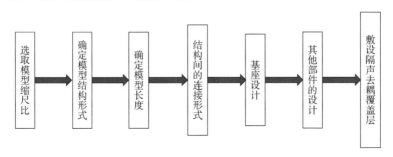

图 5-26　模型设计流程图

5.3.2　模型实验原理与步骤

1. 测试原理

本实验的测试内容同样分为振动测试和声辐射测试两部分，振动测试是通过布置在模型不同位置的加速度传感器组来测量模型在不同实验工况和不同激励方式下的振动响应；声辐射测试是通过模型结构周围的水听器阵来测量模型结构在不同实验工况和不同激励方式下的声辐射情况。具体测试原理与大样测试技术类似，具体见第 5.2.2 小节。

2. 实验装置及实验准备

与大样测试技术的测量装置类似，主要测量设备包括激振器、功率放大器、力传感器、加速度传感器、信号发生器、数据采集系统、加速度计校准仪、水听器阵、模型回转控制装置等。实验开始前，同样需要检查实验设备的安全性，并进行实验准备工作。

3. 实验步骤

与大样测试技术的实验步骤类似，具体可参考第 5.2.2 小节。

5.3.3　加筋柱壳模型实验

第 5.3.1 和 5.3.2 小节阐述了模型设计方法以及模型实验原理与步骤，本小节将以双层圆柱壳体为例，详细介绍隔声去耦覆盖层的模型测试实验。

1. 实验测试装置

实验水池长 50m、宽 15m、深 10m，水池六个面都敷有长 300mm 的橡胶吸声尖劈，用于吸收辐射噪声。振动测量系统与大样测试相同，由激振器、功率放大器、力传感器构成激振系统。如图 5-27 所示，由功率放大器接收数据采集系统的振动波形信号，经功率放大后输送到激振器，转换为激振力，激起模型的振动。对于加速度传感器，在实验前应使用手持式加速度校准仪进行校准，以保证它的测试精度，而力传感器为石英压电式结构，其灵敏度在使用年限内基本不变，无须校准。

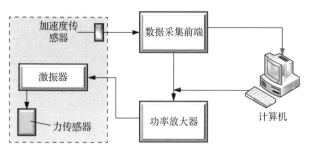

图 5-27　激振系统组成

　　激振器安装在基座对面大约 20mm 处，其轴线垂直于基座面板，中间通过一根激振杆来传递激振作用力。激振器的安装位置和具体安装方式如图 5-28（a）所示。采用空气噪声声源激振时，声源安放在模型的近似几何中心处，安装方式如图 5-28（b）所示。

（a）激振器的安装　　　　　　　　　　　　（b）声源的安装

图 5-28　激振器与声源安装位置示意图

　　测点布置如图 5-29 所示，加速度传感器布置在内壳的内表面、外壳和端板表面。将传感器安装在模型下半部分的四分之一柱面上，这样既方便传感器的贴敷，又能以同样数量的传感器获得尽可能多的数据。由于测试模型结构沿轴向和周向都是对称的，因而其他位置的响应可以由对称性得到。沿激振器周向均匀布置 9 个，其他肋位均匀布置 5 个，可以得到较为精确的模型中部响应信息。另外，在激振器处的托板和外板布置有传感器 26、27、28，用于测量振动沿托板向外壳的传递情况。

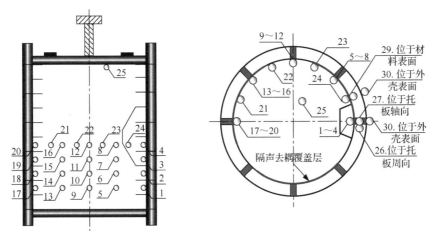

图 5-29　传感器布置位置示意图

声辐射测试系统与大样测试类似，如图 5-30 所示，测试系统由水听器、功率放大器、数据采集系统、模型回转控制装置等组成。实验时要将模型置于水池中央，水听器分布于模型周围，用来测量测试模型的辐射噪声信号，经过滤波器滤波和放大器放大处理后传递给数据采集系统；测量其他角度时，控制回转机构旋转到目标角度即可。

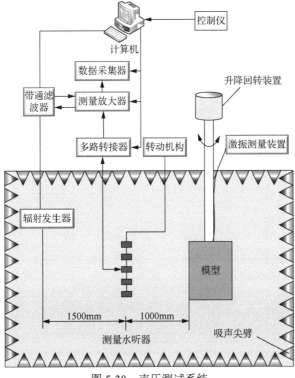

图 5-30　声压测试系统

在模型周围共布置了 7 个水听器，其中 5 个布置在距离外壳 1m 处的柱面上，且沿模型成轴向对称，可用于分析沿模型轴向的声压变化规律；2 个分别位于上下端板处，用于测量两端隔壁声辐射的情况，模型转动一周后便可以得到沿着模型轴向的声压分布规律，具体布置图如图 5-31 所示。

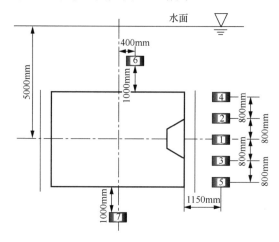

图 5-31   水听器布置图

为了获得相对全面的模型声辐射指向性，考核不同部位的声辐射情况，实验沿着模型周向 0°～180°、按 22.5°步长旋转结构模型，对测试模型的声辐射进行测量，旋转方式如图 5-32 所示。

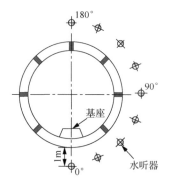

图 5-32   模型旋转示意图

2. 实验工况及步骤

具体实验工况如表 5-3 所示。在每种工况下，采用三种激振方式对实验模型施加载荷，即激振器单频激振、激振器白噪声信号激振和空气噪声声源激振，具体参数见表 5-4。

表 5-3   工况描述

工况	工况描述	简称
工况一	单壳时内壳全部敷设隔声去耦覆盖层	单壳
工况二	双层壳时内壳全部敷设隔声去耦覆盖层	全部敷设
工况三	双层壳时内壳60%部位敷设隔声去耦覆盖层	部分敷设
工况四	双层壳不敷设隔声去耦覆盖层	不敷设

表 5-4　激振方式

激振方式	激振频率/Hz	激振力大小
激振器单频激振	20、40、80、100、125、160、200、250、315	280N
	500、1000、2000、4000	100N
激振器白噪声信号激振	20～300（白噪声信号）	3A（激励电流）
	2000～4000（白噪声信号）	1A（激励电流）
	20～4000（白噪声信号）	1A（激励电流）
空气噪声声源激振	100～6000（白噪声信号）	2V（激励电压）

实验开始时首先将模型放置在水池的中央，并将模型的几何中心放置在水池中心的 5m 深度处，以最大限度地减少水池壁和水面的反射。实验测试内容包括模型结构的振动加速度和近场辐射声压两部分，具体步骤如下。

（1）在消声水池的装配调试孔中装卸测试模型外壳、拆除隔声去耦覆盖层，检查激振器、声源、加速度传感器等设备的性能。

（2）在装配调试孔中进行模型的模态测量，测量模型在该工况下的固有模态。

（3）将模型放置在水池的中央，并将模型的几何中心放置在水池中心的 5m 深度处。

（4）根据设定的激振频率，分别采用激振器单频激励、激振器白噪声信号激励和空气噪声声源激励进行激振，测量各工况下模型结构加速度传感器的振动加速度和各水听器的声压。

（5）以 22.5° 为步长，从 0° 开始转动模型直至 180°，分别测量各角度下不同工况的辐射噪声。

（6）将模型移至装配调试孔，进行下一实验工况的测量。

3. 测试结果及分析

1）模型振动测试结果分析

（1）水中共振频率分析。

模型的振动特性测试，一般采用锤击法测试模型结构的固有频率和固有振型。在本实验中，由于模型结构位于水下，无法开展锤击法测试，故通过寻找响应曲线上共振频率的方法来测试模型的固有频率，曲线上各峰值点所对应的频率即为各阶固有频率。图 5-33 给出了四种工况下，白噪声激励产生的加速度自功率谱曲线。测点选取内壳中部 90° 的位置（图 5-29 中的 11 测点），频率范围为 20～1000Hz。采用共振频率法得到结构前二阶固有频率，如表 5-5 所示。不同工况对应不同的模型结构形式与隔声去耦覆盖层敷设情况，测试结果也会造成影响。一般来讲，大质量大阻尼对应低固有频率，小质量小阻尼对应的结构固有频率相对更高。从表 5-5 中可以看出，结构的固有频率在工况四时最高，工况二最低，这与理论分析相吻合。

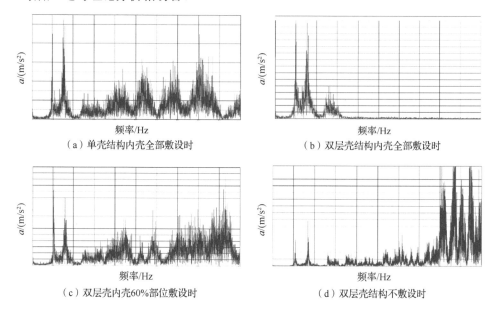

（a）单壳结构内壳全部敷设时　　　　　　（b）双层壳结构内壳全部敷设时

（c）双层壳内壳60%部位敷设时　　　　　　（d）双层壳结构不敷设时

图 5-33　隔声去耦覆盖层典型敷设方式下测点 11 响应自功率谱曲线

表 5-5　前二阶固有频率　　　　　　　　　　单位：Hz

固有频率	工况一	工况二	工况三	工况四
第一阶	101.2	98.8	105.2	109
第二阶	155	154.6	160.9	168.6

（2）单频激振时的响应特性分析。

单频激振的特点是高频激振时输出较低，低频时需要较大的激振力才能有效激励模型结构。在本实验中，采用高频和低频两种激振力，其中 20～315Hz 为低频激振，500～4000Hz 为高频激振，具体激振参数如表 5-4 所示。但在数据分析时，为了将单频激励下的所有响应数据进行统一处理和分析，需要将低频激励下的响应化成 100N 激振力下的响应。微幅振动时，将振动响应和激励力视作线性关系，可以将 280N 激励下的响应比例缩放为 100N 激励下的响应。

结构振动均方速度用于表征整个结构的振动特性，其表达式如下：

$$v_{\mathrm{mean}} = \sqrt{\int_s \left| v_s \right|^2 \mathrm{d}s} \qquad (5\text{-}45)$$

式中，v_s 为结构上任意处的振动速度。

针对模型内壳，内壳的振动均方速度可以近似用速度对面积取平均表示，具体见式（5-39）。图 5-34 给出了四种工况下内壳振动均方速度级（L_v）随频率的变化曲线。从图中可以看出：在 100Hz 以下频段，四条曲线迅速上升；在 100～200Hz 频段波动较大，出现两个明显峰值；在 200Hz 以上频段曲线变化相对平缓。具体分析如下。

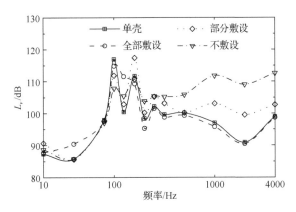

图 5-34   内壳振动均方速度级曲线

对比四种工况下的模型振动响应，主要目的是发现模型在不同工况下敷设隔声去耦覆盖层前后结构振动的减小情况，以此作为隔声去耦覆盖层减振性能的评价指标。

100～200Hz 频段内各工况下的峰值比较。四种工况下，第一个峰值都出现在100Hz 频率附近，且峰值大小关系为单壳>全部敷设>部分敷设>不敷设。原因是采用 100Hz 激振时，各工况共振频率与激振频率相近，出现共振放大现象，故四条曲线出现峰值；而共振放大的效果和共振频率与激振频率的接近程度成正比。第二个峰值都出现在 160Hz 频率附近，且各峰值的大小关系为：部分敷设>单壳>不敷设>全部敷设。此时除去共振放大的因素，隔声去耦覆盖层的阻尼作用也对曲线峰值产生影响。因此，虽然单壳和全部敷设工况下的第二阶共振频率比其他两种工况更接近 160Hz，但由于隔声去耦覆盖层的阻尼作用，两种工况下的第二峰值与不敷设工况非常接近。

为了分析不同工况下振动响应沿周向角度的分布，图 5-35 给出了单壳与全部敷设（双壳全部敷设）工况下的结构振动响应沿周向角度的变化曲线，图 5-36 给出了双壳结构形式下全部敷设、部分敷设和不敷设隔声去耦覆盖层时的振动响应沿周向角度的变化曲线。为了简化研究，图中只选取了 40Hz、500Hz 和 2000Hz，分别代表低频激振、中频激振和高频激振。

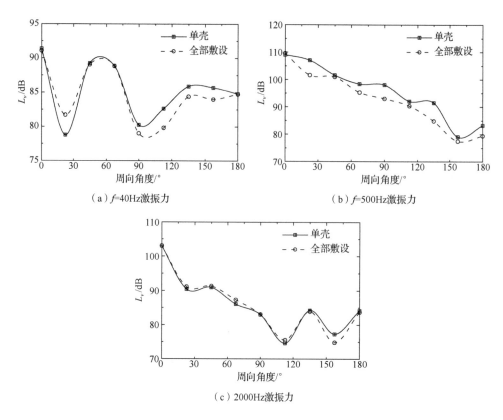

（a）*f*=40Hz激振力　　　　　　　　（b）*f*=500Hz激振力

（c）2000Hz激振力

图 5-35　单壳与全部敷设工况下的振动响应比较

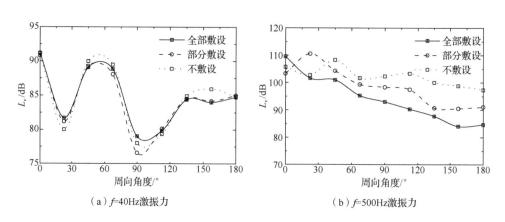

（a）*f*=40Hz激振力　　　　　　　　（b）*f*=500Hz激振力

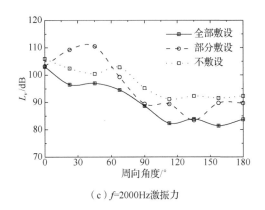

（c）f=2000Hz激振力

图 5-36　双壳结构典型工况振动响应比较

从图 5-35 中可以看出，各激振频率下单、双壳两种结构形式的振动响应曲线之间差别不大。具体而言，在频率为 40Hz 和 500Hz 的激励下，单壳振动响应普遍大于双壳振动响应，在 2000Hz 的激振力下，两条曲线几乎重合。这说明在中低频激振时采用双壳结构形式更有利于减小内壳的振动。

从图 5-36 中可以看出，在 40Hz 激振频率下，各曲线间的差别非常小；在 500Hz 和 2000Hz 激振频率下，各曲线代表的结构振动响应出现明显的区别。这就说明隔声去耦覆盖层在低频激振下的阻尼减振效果一般，在中高频激振时则有显著的阻尼减振效果。此外，全部敷设隔声去耦覆盖层情况下的振动响应普遍最小，不敷设时模型结构振动响应最大，部分敷设的减振作用主要集中在敷设部位。也就是说，为了更好地利用隔声去耦覆盖层的阻尼减振性能，最好针对中高频激励采用全部敷设方案。

（3）白噪声激振时的响应特性。

图 5-37 中给出了模型结构在全部敷设隔声去耦覆盖层时基座位置（4#测点）在不同频率白噪声激励下的振动加速度自功率谱的频响曲线。从图中可知，结构模型在低频及高频白噪声的激励下，结构的振动响应分别集中在 100~300Hz 频段和 2000~4000Hz 频段。也就是说，结构在白噪声激振下的振动响应分布不仅与激振频率有关，还与结构的固有振动特性有关，因此模型结构的振动响应不一定只分布于激振频率的范围内。

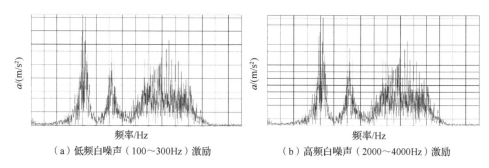

（a）低频白噪声（100～300Hz）激励　　　　　（b）高频白噪声（2000～4000Hz）激励

图 5-37　全部敷设工况基座处（4#测点）振动加速度自功率谱曲线

　　白噪声信号激振下模型结构中部基座处（对应图 5-29 中的 4、24、8、23、12、22、16、21、20 测点）的振动速度随周向角度的变化曲线如图 5-38 所示，从图中可知：①隔声去耦覆盖层在应对白噪声激励时，无论是在高频还是低频白噪声激振下，都有显著的减振效果；为了比较隔声去耦覆盖层在不同工况下的减振性能，表 5-6 给出了全部敷设与部分敷设相对不敷设时减振分贝数的比较。从表中可以看出，隔声去耦覆盖层在高频段的减振性能要优于低频段，全部敷设的减振效果比部分敷设时更加明显，无论是在高频段还是低频段白噪声激励的作用下，全部敷设都能取得较好的减振性能。②在白噪声激励下，不论是高频激振还是低频激振，单壳结构与双壳结构的振动响应区别很小，也就是说外壳对内壳结构振动响应影响不大，这与单频激励时的规律相吻合。③采用全部敷设方案可以获得全方位的减振效果，即任意结构部位在任意频率白噪声的激励下，都能实现良好的减振功能。而采用部分敷设方案，在中低频的白噪声激励下有一定的减振效果，而在高频白噪声激振时的减振效果仅仅表现在隔声去耦覆盖层的敷设区域。

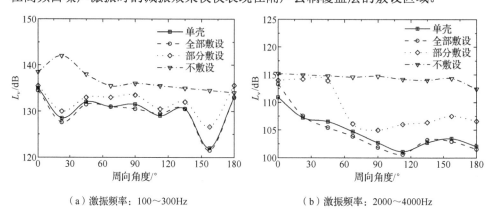

（a）激振频率：100～300Hz　　　　　　　　　（b）激振频率：2000～4000Hz

图 5-38　白噪声激振时模型周向速度级分布

表 5-6　减振效果　　　　　　　　　　单位：dB

频率范围	全部敷设-不敷设			部分敷设-不敷设		
	最大	最小	平均	最大	最小	平均
100～300Hz	13.4	1.2	6.2	11.3	0	4.7
2000～4000Hz	14.6	2.1	9.6	9.3	0.2	5.8

2）模型声辐射测试结果分析

（1）声源级频率特性分析。

图 5-39 给出了几种典型激振频率下全部敷设和不敷设的频带声源级比较[19]。模型声辐射主要集中在激励频率范围内，隔声去耦覆盖层对高频噪声降噪效果优于低频噪声。

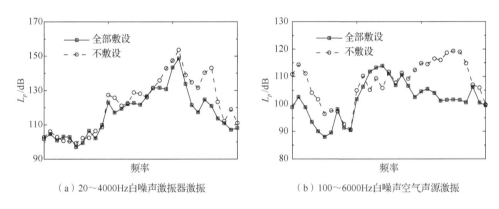

（a）20～4000Hz白噪声激振器激振　　　（b）100～6000Hz白噪声空气声源激振

图 5-39　全部敷设和不敷设工况下模型频带声源级比较

（2）声源级指向性分析。

在图 5-40 中给出了典型激振频率下的敷设前后声源级指向性分布，也就是圆柱轴线中点距壳体 1m 处声压随角度的空间分布，其中 0 度为激振位置，声源级为 1#水听器测得的频带声压级合成后的总声级。图中所表现出的降噪规律仍与总声源级分析结果相似。定性分析隔声去耦覆盖层的作用机理可知，受中心空气声源激励时隔声去耦覆盖层只是单纯地"阻隔"声波的传播，所以敷设后对声场指向性影响并不大；受单点机械激振时隔声去耦覆盖层的黏弹性和去耦性能改变了结构的固有振动特性和结构声振耦合特性，从而导致声辐射的改变，此时声场的指向性与多种因素有关，不能单纯归结于隔声性能，所以敷设后声辐射的指向性也有较大改变。

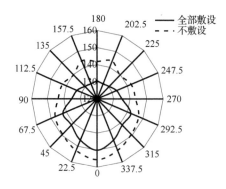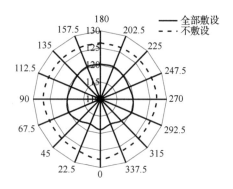

（a）20～4000Hz白噪声激振器激振　　　　（b）100～6000Hz白噪声空气声源激振

图 5-40　全部敷设和不敷设工况下模型声源级指向性比较（单位：dB）

（3）辐射声功率特性分析。

图 5-41 给出了测试模型在典型激振频率下全部敷设和不敷设条件下辐射声功率比较，从图中可知，测试模型在典型激振频率下全部敷设和不敷设条件下的辐射声功率变化规律与频带声源级十分相似，且大小关系也非常相似。可见频带声源级也能表示出结构声辐射能量关系，频带声源级和辐射声功率都能用来表示结构声辐射的强弱。

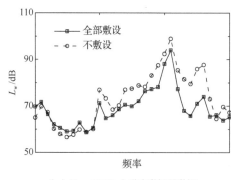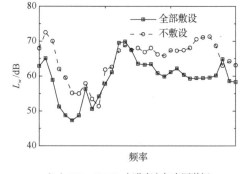

（a）20～4000Hz白噪声激振器激振　　　　（b）100～6000Hz白噪声空气声源激振

图 5-41　全部敷设与不敷设工况下结构辐射声功率对比

（4）敷设部位对降噪效果的影响。

由以上分析可知，频带声源级和辐射声功率都可以表示出结构声辐射的频域特性，因而图 5-42 中给出了部分敷设和不敷设两种工况下的辐射声功率曲线，以此来考察其声辐射的频域特性。从图中可知，几种激励下两条曲线间的差别不大，说明部分敷设对结构辐射噪声的频域分布影响不大。

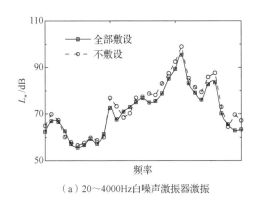

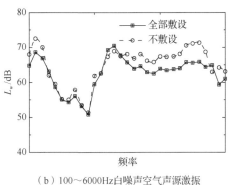

（a）20～4000Hz白噪声激振器激振　　　　　（b）100～6000Hz白噪声空气声源激振

图 5-42　部分敷设与不敷设工况下结构辐射声功率对比

部分敷设的主要目的是改变结构声辐射的指向性分布，在图 5-43 中给出了部分敷设和不敷设两种工况下声源的指向性曲线。首先分析图 5-43（b）中空气声源激励，由于激励声源位于模型几何中心，故不敷设工况下的曲线几乎没有指向性分布，也就是曲线近似为一个圆。在部分敷设隔声去耦覆盖层后，结构声辐射降低了，并且敷设部位明显低于未敷设部位，可见隔声去耦覆盖层能明显"阻隔"声波的通过，有类似"隔声罩"的功能。但是图 5-43（a）中噪声降低的部位并不确定，这种规律似乎并不明显，也就是说对于单点机械激振敷设部位并不一定对应着声辐射的主要降低区域。在分析全部敷设指向性特性时已经指出，对于空气声源激励隔声去耦覆盖层的作用只是单纯地"阻隔"声波的传播，对于机械激振则是多种机理共同作用的结果，其降噪作用比较复杂，噪声的降低区域与隔声去耦覆盖层敷设部位间无明显规律[19]。

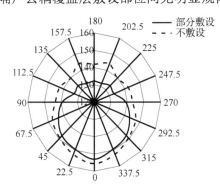

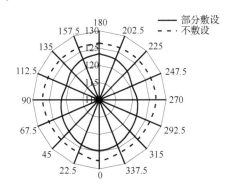

（a）20～4000Hz白噪声激振器激振　　　　　（b）100～6000Hz白噪声空气声源激振

图 5-43　部分敷设和不敷设工况下声源级指向性比较（单位：dB）

3）隔声去耦覆盖层性能总结

（1）隔声去耦覆盖层在应对白噪声激励时，无论在高频还是低频白噪声激振下，都有显著的减振效果，高频段的减振性能要优于低频段；全部敷设的减振效果比部分敷设时更加明显；无论是在高频段还是低频段白噪声激励的作用下，全部敷设都能取得较好的减振效果。

（2）隔声去耦覆盖层能显著降低水下结构辐射噪声，能降低 200Hz 以上机械激振作用下的结构辐射噪声 4～10dB，能有效"阻隔"宽带白噪声声波从而减小声辐射 6dB 左右，并且中高频效果优于低频，主要降低 200Hz 以上中高频噪声成分。

（3）合理的部分敷设也能达到满意的降噪效果，能有效"阻隔"敷设部位噪声的通过，但对单点机械激振的作用机理较复杂，敷设部位不一定对应声辐射的主要降低区域，合理的敷设方案需要结合数值仿真分析来确定。

参 考 文 献

[1] 车贺宾. 声学材料隔声性能测量系统研究[D]. 石家庄：石家庄铁道大学，2017.

[2] 程静静. 混响室法吸声系数测试系统改进[D]. 大连：大连交通大学，2017.

[3] 曲波，朱蓓丽. 驻波管中隔声量的四传感器测量法[J]. 噪声与振动控制，2002（6）：44-46.

[4] 中国科学院. 声学 阻抗管中传声损失的测量 传递矩阵法：GB/Z 27764—2011[S]. 北京：中国标准出版社，2011.

[5] SONG B H, BOLTON J S. A transfer-matrix approach for estimating the characteristic impedance and wave numbers of limp and rigid porous materials[J].Journal of the Acoustical Society of America,2000,107:1131-1152.

[6] 中国科学院. 声学 水声材料纵波声速和衰减系数的测量 脉冲管法：GB/T 5266—2006[S]. 北京：中国标准出版社，2006.

[7] 朱倍丽，肖今新. 声管测量双水听器法中传递函数的研究[C]//吴有生. 水下噪声学术论文选集（1985—2005）. 无锡：《船舶力学》编辑部，2005：319-327.

[8] 彭东立，胡碰，顾晓军，等. 水声声管中小样品振动声辐射测试方法研究[J]. 噪声与振动控制，2007，27（5）：140-142.

[9] 朱蓓丽，肖今新. 双水听器传递函数法低频测试及误差分析[J]. 声学学报，1994（5）：351-360.

[10] 俞悟周，王佐民. 采用伪随机信号激励的驻波管三点测量法[J]. 声学学报，1996（4）：352-361.

[11] 李水，罗马奇，范进良，等. 水声材料低频声性能的行波管测量[J]. 声学学报，2007（4）：349-355.

[12] 吕志强. 声学材料斜入射吸声性能测试方法研究[D]. 北京：中国舰船研究院，2018.

[13] 王超. 水声材料声反射系数测试方法研究[D]. 哈尔滨：哈尔滨工程大学，2013.

[14] 李水，罗马奇. 水声材料低频声性能测量行波管法的测量不确定度分析[C]//姚蓝. 2009' 中国西部地区声学学术交流会论文集. 上海：《声学技术》编辑部，2009：67-70.

[15] 代阳，杨建华，侯宏，等. 声管中的宽带脉冲法的水声材料吸声系数测量[J]. 声学学报，2017，42（4）：476-484.

[16] 何世平，汤渭霖，何琳. 水下吸声覆盖层管测试的背衬研究[J]. 应用声学，2007（2）：83-88.

[17] 王露露. 有限空间内声学覆盖层大样低频反射系数测量技术研究[D]. 杭州：浙江大学，2020.

[18] 韦承勋，周道成，张健，等. 水中桥塔波浪作用动力模型试验相似方法与模型设计方法[J]. 振动与冲击，2021，40（7）：119-125+178.

[19] 张妍. 声学覆盖层声性能数值模拟研究[D]. 哈尔滨：哈尔滨工程大学，2008.